浙江省普通高校
"十三五"新形态教材

21世纪高等学校计算机专业
核心课程规划教材

Web程序设计

——ASP.NET上机实验指导

（第3版） 微课版

◎ 沈士根 叶晓彤 编著

清华大学出版社

北京

内 容 简 介

本书是《Web 程序设计——ASP.NET 实用网站开发（第 3 版）—微课版》的配套上机实验指导教材。全书分为两部分，第一部分为课程实验，第二部分为课程设计选题。

课程实验部分采用 Visual Studio Community 2017 开发平台，以完成并拓展一个基于 ASP.NET 实现网上购物的 MyPetShop 应用程序为目标，共安排 14 个实验，分别与《Web 程序设计——ASP.NET 实用网站开发（第 3 版）—微课版》的第 1～14 章内容相对应。每个实验均由"实验目的""实验内容及要求""实验步骤"和"实验拓展"组成，采用"任务驱动"方式设计，突出技术应用能力培养，引领学生完成从"跟着走"到"自己走"的转变。

课程设计选题部分共安排 10 个源自实际工程的选题，供学生在学完本课程后分组选择进行课程设计，达到团队开发 Web 应用程序的目的。

本书可作为高等院校计算机相关专业 Web 程序设计的上机实验指导教材，也可作为对 Web 程序设计感兴趣的读者的自学参考书。

图书在版编目（CIP）数据

Web 程序设计——ASP.NET 上机实验指导：微课版/沈士根，叶晓彤编著. —3 版. —北京：清华大学出版社，2018（2019.9 重印）

（21 世纪高等学校计算机专业核心课程规划教材）

ISBN 978-7-302-51410-7

Ⅰ. ①W… Ⅱ. ①沈… ②叶… Ⅲ. ①网页制作工具—程序设计—高等学校—教材 Ⅳ. ①TP393.092.2

中国版本图书馆 CIP 数据核字（2018）第 239128 号

责任编辑：闫红梅
封面设计：刘　键
责任校对：胡伟民
责任印制：沈　露

出版发行：清华大学出版社
　　　　　网　　址：http://www.tup.com.cn, http://www.wqbook.com
　　　　　地　　址：北京清华大学学研大厦 A 座　　邮　　编：100084
　　　　　社 总 机：010-62770175　　　　　　　　邮　　购：010-62786544
　　　　　投稿与读者服务：010-62776969，c-service@tup.tsinghua.edu.cn
　　　　　质量反馈：010-62772015，zhiliang@tup.tsinghua.edu.cn
印 装 者：北京鑫丰华彩印有限公司
经　　销：全国新华书店
开　　本：185mm×260mm　　　印　　张：13.25　　　字　　数：323 千字
版　　次：2009 年 7 月第 1 版　　2018 年 11 月第 3 版　　印　　次：2019 年 9 月第 3 次印刷
印　　数：45501～47500
定　　价：39.00 元

产品编号：079727-01

前 言

任何语言的程序设计都离不开"代码阅读""代码模仿"到"代码编写"的过程，Web程序设计亦是如此，只要勤于思考，多上机实践，就能收到好的效果。

本书作为主教材《Web 程序设计——ASP.NET 实用网站开发（第 3 版）—微课版》的配套上机实验指导教材，共分为两部分，第一部分为课程实验，第二部分为课程设计选题。

课程实验部分以完成并拓展一个基于 ASP.NET 实现网上购物的 MyPetShop 应用程序为目标，共安排 14 个实验，分别是"ASP.NET 网站的建立及运行""ASP.NET 网站开发基础""C#和 ASP.NET 的结合""ASP.NET 标准控件""ASP.NET 窗体验证""HTTP 请求、响应及状态管理""数据访问""数据绑定""ASP.NET 三层架构""主题、母版和用户控件""网站导航"、ASP.NET Ajax、"Web 服务和 WCF 服务"和"文件管理"。每个实验均由"实验目的""实验内容及要求""实验步骤"和"实验拓展"组成。"实验目的"给出了每个实验的学习目标；"实验内容及要求"采用"任务驱动"方式设计，即先给出最终功能和效果，然后为实现该目标给出"实验步骤"，使学生"跟着走"，完成"代码阅读"和"代码模仿"的过程；"实验拓展"大都是在已完成的实验基础上，或是增加功能，或是采用其他的方法解决相同的问题，让学生经历"代码编写"过程，达到"自己走"的目的。这样的编写风格既解决了学生对程序设计"无从入手"的问题，同时也解决了学生"上课听得懂，下课不会做"的问题。

完成实验 1 至实验 8，将为实现网上购物的 MyPetShop 应用程序做准备；完成实验 9，能得到基于 ASP.NET 三层架构的 MyPetShop 应用程序，并具备查看宠物商品、购物车、订单结算、用户管理等功能；完成实验 10，能得到基于统一风格（母版）的 MyPetShop；完成实验 11，MyPetShop 增加了网站导航功能；完成实验 12，MyPetShop 增加了页面局部刷新、自动显示下一个商品等功能；完成实验 13，MyPetShop 增加了调用 Internet 上广泛使用的 Web 服务功能，能在首页显示天气预报信息；完成实验 14，MyPetShop 增加了 Web服务器文件管理功能。这样，完成课程实验后即可得到一个能实现网上购物的 MyPetShop应用程序，会让学生有成就感，从而增加学生学习的兴趣和动力，大大提高动手实践能力。

课程设计选题部分共安排 10 个源于实际工程的选题，包括"基于 ASP.NET 的软件外包项目管理系统""基于 ASP.NET 的大学生交流网站""基于 ASP.NET 的客户信息反馈系统""基于 ASP.NET 的旅游网站""基于 ASP.NET 的网络挂号系统""基于 ASP.NET 的教师招聘管理系统""基于 ASP.NET 的人才服务社交平台""基于 ASP.NET 的企业在线学习平台""基于 ASP.NET 的学科竞赛网站"和"基于 ASP.NET 的人事管理系统"。要求学生通过对这些实际项目进行系统需求分析、功能模块分析、数据库设计、界面设计、代码编写和调试，逐步解决遇到的各种问题，达到系统要求，直至完成所有的项目开发过程。学生只要通过课程设计独立、认真地完成项目，做到举一反三，就一定能够积累许多网站和项目开发经验，掌握 Web 应用程序的项目开发基本技能，培养项目开发能力和团队合作精神。

为方便读者学习，本书配有视频讲解，用手机扫描封底刮刮卡二维码，获得权限后，再扫描书中二维码，即可观看相应的视频。

本书可作为高等院校计算机相关专业 Web 程序设计的上机实验指导教材，也可作为对 Web 程序设计有兴趣人员的自学参考书。

本书由沈士根负责统稿，其中，沈士根编写了实验 1～实验 9，叶晓彤编写了实验 10～实验 14 和课程设计选题部分。

本书第 1 版、第 2 版，以及主教材《Web 程序设计——ASP.NET 实用网站开发》第 1 版、第 2 版分别于 2009 年和 2014 年出版。截至 2018 年 5 月，本书第 1 版和第 2 版累计印刷 14 次，主教材第 1 版和第 2 版累计印刷 21 次，受到了众多高校和广大读者的欢迎，很多不相识的读者发来邮件与我们交流并给出了宝贵意见，在此，表示衷心感谢。

一分耕耘，一分收获，坚持耕耘定会得到意想不到的收获。希望本书能成为初学者的益友。书中存在的疏漏及不足之处，欢迎读者发邮件与我们交流，以便再版时改进。我们的邮箱是：ssgwcyxxd@126.com。

作　者
2018 年 5 月

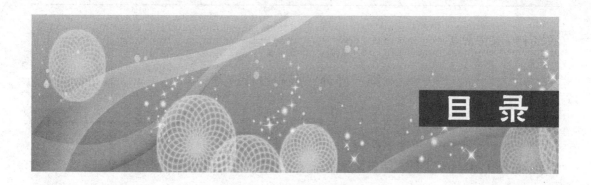

目 录

第一部分 课程实验

第二部分　课程设计选题

第一部分

课 程 实 验

本部分总体要求：

（1）学生在上机实验前，应明确上机实验的任务，了解实验步骤。对于上机实验课上当时没有完成的任务，应保证有足够的课外时间来完成。

（2）学生应通过任务分析、代码阅读、代码模仿和代码编写等过程，加深对所学概念的理解，提高 Web 应用程序的设计能力，掌握 Web 应用程序的开发技能。

（3）学生在完成每个课程实验的过程中，应努力培养 Web 应用程序调试错误的能力。

（4）学生完成每个实验后，必须写出完整的实验报告。每个实验报告包括"实验目的""实验内容及步骤"和"实验结论"三部分，其中"实验内容"以"实验拓展"中给定的任务为主。

ASP.NET 网站的建立及运行

一、实验目的

（1）熟悉 ASP.NET 的开发环境 Visual Studio Community 2017（VSC 2017）。

（2）掌握利用解决方案管理网站和创建网站的过程。

（3）掌握利用 VSC 2017 复制网站的过程。

（4）掌握 IIS 7.5 中网站、Web 应用程序、虚拟目录创建和默认文档设置的过程。

（5）掌握利用 VSC 2017 发布 Web 应用的过程。

二、实验内容及要求

（1）创建一个 Experiment 解决方案，其中包含两个文件系统网站 Expt1Site 和 Expt2Site。

（2）在 Expt1Site 网站中创建一个 Web 窗体 Default.aspx，其中包含一个 Label 控件。当浏览 Default.aspx 时在 Label 控件中显示"我开始学习 ASP.NET 了！"。

（3）在 IIS 7.5 中创建 Experiment 网站，复制 VSC 2017 中的 Expt1Site 网站到 IIS 7.5 中 Experiment 网站下的 Web 应用程序 Expt1，再从其他联网计算机访问复制后的 Default.aspx。

（4）设置 IIS 7.5 中的 Web 应用程序 Expt1 的默认文档，使得在其他联网计算机上仅输入 IP 地址和 Web 应用程序名即可访问 Default.aspx。

（5）在 IIS 7.5 中创建端口号为 8001 的 Port 网站，复制 VSC 2017 中的 Expt1Site 网站到 IIS 7.5 中 Port 网站下的 Web 应用程序 Expt1，再从其他联网计算机访问复制后的 Default.aspx。

（6）在 Expt1Site 网站中建立 SubDir 文件夹，再在 SubDir 文件夹中创建一个 Web 窗体 VirDir.aspx，其中包含一个 Label 控件。当浏览 VirDir.aspx 时在 Label 控件中显示"虚拟目录测试！"。然后，通过 VSC 2017 将 SubDir 文件夹复制到 IIS 7.5 中的 Web 应用程序 Expt1，再在 IIS 7.5 中映射 Web 服务器上的 SubDir 文件夹到 VirDir 虚拟目录。最后，从其他联网计算机以虚拟目录方式访问 VirDir.aspx。

（7）复制 Expt1Site 网站中的 Default.aspx 到 Expt2Site 网站，再以"文件系统"方式将 Expt2Site 网站发布到 D:\Expt2Pub 文件夹。

（8）在 IIS 7.5 中创建对应 D:\Expt2Pub 且端口为 8002 的 Expt2IIS 网站，再从其他联网计算机访问 D:\Expt2Pub 文件夹中的 Default.aspx。

（9）在 IIS 7.5 中 Experiment 网站下创建对应 D:\Expt2Pub 的 Web 应用程序 Expt2，再

从其他联网计算机访问 D:\Expt2Pub 文件夹中的 Default.aspx。

（10）迁移 Experiment 解决方案，使得在其他已安装 ASP.NET 网站开发环境的计算机上能进行下一步的开发。

三、实验步骤

1. 创建 Experiment 解决方案及文件系统网站 Expt1Site 和 Expt2Site

（1）创建 Experiment 解决方案。在 VSC 2017 中，选择"文件"→"新建"→"项目"命令。如图 1-1 所示，在呈现的对话框中选择"其他项目类型"→"Visual Studio 解决方案"→"空白解决方案"模板，输入名称 Experiment 和位置 D:\ASPNET（本书涉及的文件名和文件夹名均可根据实验环境进行调整）。单击"确定"按钮创建 Experiment 解决方案。

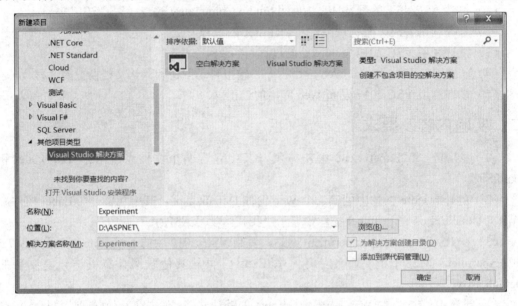

图 1-1　创建 Experiment 解决方案对话框

（2）创建 Expt1Site 网站。在"解决方案资源管理器"窗口中，右击"解决方案 Experiment"，选择"添加"→"新建项目"命令。如图 1-2 所示，在呈现的"添加新项目"对话框中选择 Visual C#→Web→"先前版本"→"ASP.NET 空网站"模板，输入名称 Expt1Site。单击"确定"按钮将在 D:\ASPNET\Experiment 文件夹中创建 Expt1Site 网站。此后，该网站中的所有内容将存放于 D:\ASPNET\Experiment\Expt1Site 文件夹。

（3）与步骤（2）类似，在 D:\ASPNET\Experiment 文件夹中创建 Expt2Site 网站。

2. 在 Expt1Site 网站中创建 Default.aspx

（1）创建 Default.aspx。在"解决方案资源管理器"窗口中，右击 Expt1Site 网站，选择"添加"→"添加新项"命令。如图 1-3 所示，在呈现的"添加新项"对话框中选择"Web 窗体"模板，输入名称 Default.aspx 并选中"将代码放在单独的文件中"复选框。单击"添加"按钮创建 Default.aspx。

（2）添加 Label 控件并设置属性。在 Default.aspx 的"设计"视图中，打开"工具箱"

窗口，双击 Label 项添加一个 Label 控件。在"属性"窗口中修改 Label 控件的 ID 属性值为 lblMsg。

图 1-2 创建 Expt1Site 网站对话框

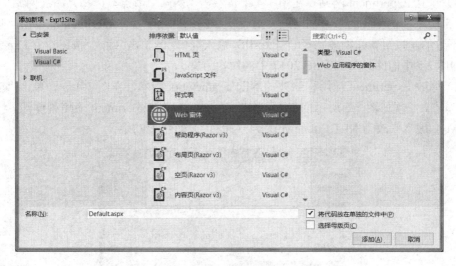

图 1-3 创建 Default.aspx 对话框

（3）输入事件处理代码。在"设计"视图中的空白处右击，选择"查看代码"命令打开 Default.aspx.cs，再在用于处理 Page.Load 事件的 Page_Load() 方法中输入代码如下：

```
lblMsg.Text = "我开始学习 ASP.NET 了！";
```

（4）浏览 Default.aspx 查看效果。在"解决方案资源管理器"窗口中，右击 Default.aspx，选择"在浏览器中查看"命令，浏览查看效果。

3. 在 IIS 7.5 中创建 Experiment 网站

（1）打开 Internet 信息服务(IIS)管理器。选择"开始"→"控制面板"→"系统和安全"→"管理工具"→"Internet 信息服务(IIS)管理器"命令，呈现如图 1-4 所示的界面。

图 1-4　"Internet 信息服务（IIS）管理器"界面

（2）删除 Default Web Site 网站。由于在安装 IIS 7.5 时默认建立的 Default Web Site 网站的端口号为 80，为避免冲突，删除该网站。

（3）建立 Experiment 网站。在图 1-4 中，右击"网站"节点，选择"添加网站"命令。如图 1-5 所示，在呈现的"添加网站"对话框中输入网站名称 Experiment，单击"物理路径"右下方的█按钮新建物理路径 D:\ExptIIS，输入端口 80。单击"确定"按钮建立 Experiment 网站（IIS 7.5 中的网站对应 VSC 2017 中的解决方案）。

（4）修改 Experiment 应用程序池的.NET Framework 版本。在图 1-4 中，单击"应用程序池"节点，呈现如图 1-6 所示的界面。在图 1-6 中，双击 Experiment 应用程序池，将.NET Framework 版本修改为.NET Framework v4.0.30319，如图 1-7 所示。

图 1-5　在 IIS 7.5 中创建 Experiment 网站对话框

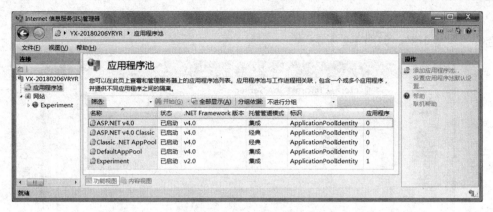

图 1-6　应用程序池界面

图 1-7　编辑 Experiment 应用程序池对话框

4. 复制 VSC 2017 中的 Expt1Site 网站到 IIS 7.5 中 Experiment 网站下的 Web 应用程序 Expt1

（1）在"解决方案资源管理器"窗口中，右击 Expt1Site 网站，选择"复制网站"命令，呈现如图 1-8 所示的界面。

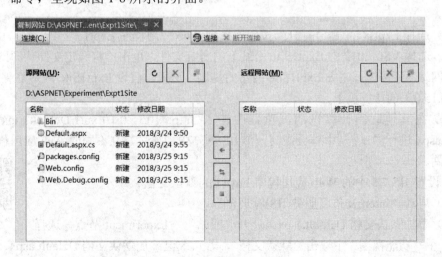

图 1-8　"复制网站"界面

（2）在图 1-8 中，单击"连接到远程网站" 按钮，在呈现的"打开网站"对话框中选择"本地 IIS"，如图 1-9 所示。

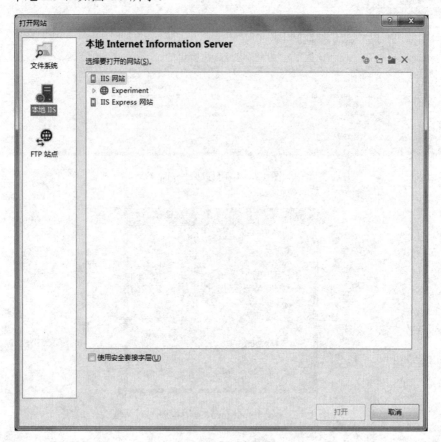

图 1-9　选择"本地 IIS"界面

（3）在图 1-9 中，选择 IIS 网站 Experiment，单击"创建新 Web 应用程序" 按钮，输入 Expt1 完成 Web 应用程序 Expt1（IIS 7.5 中的 Web 应用程序对应 VSC 2017 中的网站）的创建。

（4）选择 Expt1，单击"打开"按钮连接到 Web 应用程序 Expt1。

（5）选择 VSC 2017 中 Expt1Site 网站下的所有文件，单击"将选定文件从源网站复制到远程网站" 按钮，完成 Expt1Site 网站的复制。这里，假设 Expt1Site 网站复制到 IP 地址为 10.15.0.1 的计算机上。

（6）在其他联网计算机的浏览器中输入 http://10.15.0.1/Expt1/Default.aspx，访问 Default.aspx 进行测试，从中体会在同一个 IIS 网站中能通过建立不同的 Web 应用程序运行多个网站。

5. 设置 IIS 7.5 中的 Web 应用程序 Expt1 的默认文档

（1）启动"Internet 信息服务(IIS)管理器"。

（2）添加默认文档 Default.aspx。展开"网站"→Experiment 节点，选择

Expt1，在"功能视图"中双击"默认文档"，若系统已添加默认文档 Default.aspx，则无须

重复添加；否则，在"默认文档"区域空白处右击，在弹出的快捷菜单中选择"添加"命令，再在呈现的"添加默认文档"对话框中输入 Default.aspx，如图 1-10 所示。单击"确定"按钮添加默认文档 Default.aspx。

图 1-10　"添加默认文档"对话框

（3）在"默认文档"区域删除多余的默认文档。

（4）在其他联网计算机的浏览器中输入 http://10.15.0.1/Expt1，访问 Default.aspx 进行测试，从中体会默认文档的效果。

6. 在 IIS 7.5 中创建端口号为 8001 的 Port 网站

（1）与实验步骤 3 类似，但在添加网站时输入网站名称 Port，新建物理路径 D:\PortIIS，输入端口 8001。

（2）参考实验步骤 4，复制 VSC 2017 中的 Expt1Site 网站到 IIS 7.5 中 Port 网站下的 Web 应用程序 Expt1。

（3）在其他联网计算机的浏览器中输入 http://10.15.0.1:8001/Expt1/Default.aspx，访问 Default.aspx 进行测试，从中体会在同一台服务器中能通过建立不同端口的网站运行多个网站。

7. 映射 Web 服务器上的 SubDir 文件夹到 VirDir 虚拟目录

（1）在 Expt1Site 网站中新建 SubDir 文件夹。右击 VSC 2017 中的 Expt1Site 网站，选择"添加"→"新建文件夹"命令，输入 SubDir 建立相应的文件夹。

（2）在 SubDir 文件夹中添加用于测试的 VirDir.aspx 和 VirDir.aspx.cs 文件。右击 SubDir 文件夹，添加 Web 窗体 VirDir.aspx，再在其中添加一个 Label 控件并设置其 ID 属性值为 lblMsg。打开 VirDir.aspx.cs，在用于处理 Page.Load 事件的 Page_Load()方法中输入如下代码：

```
lblMsg.Text = "虚拟目录测试！";
```

（3）复制 SubDir 文件夹到 IIS 7.5 中的 Web 应用程序 Expt1。参考实验步骤 4，在 VSC 2017 中连接 Web 应用程序 Expt1，再将 SubDir 文件夹复制到 Web 应用程序 Expt1，如图 1-11 所示。

（4）在其他联网计算机的浏览器中输入 http://10.15.0.1/Expt1/SubDir/VirDir.aspx，访问 VirDir.aspx 进行测试。

（5）添加 VirDir 虚拟目录。在 IIS 7.5 中，右击 Experiment 网站，在弹出的快捷菜单中选择"添加虚拟目录"命令。如图 1-12 所示，在呈现的"添加虚拟目录"对话框中输入别名 VirDir，单击"物理路径"右下方的 按钮选择物理路径 D:\ExptIIS\Expt1\SubDir，再单击"确定"按钮添加 VirDir 虚拟目录。

图 1-11　复制 SubDir 文件夹界面

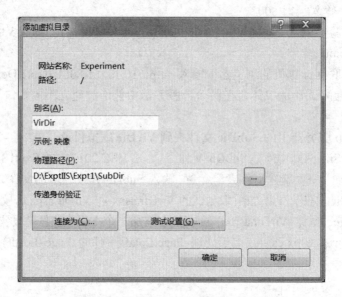

图 1-12　添加 VirDir 虚拟目录对话框

（6）在其他联网计算机的浏览器中输入 http://10.15.0.1/VirDir/VirDir.aspx，访问 VirDir
.aspx 进行测试。与步骤（4）比较，体会虚拟目录的作用。

8. 以"文件系统"方式发布 Expt2Site 网站到 D:\Expt2Pub 文件夹

（1）复制 Expt1Site 网站中的 Default.aspx 到 Expt2Site 网站。其中，
Default.aspx 仅用于测试，也可以自行建立。

（2）发布 Expt2Site 网站。右击 VSC 2017 中的 Expt2Site 网站，在弹出的快捷菜单中
选择"发布 Web 应用"命令，呈现如图 1-13 所示的对话框。

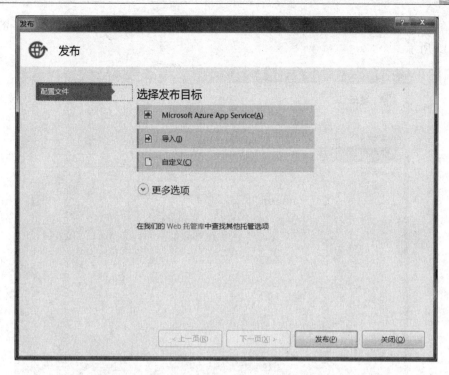

图 1-13　"发布"对话框（1）

在图 1-13 中，单击"自定义"命令，在呈现的对话框中输入配置文件名称 LocalToFile（名称可自定），单击"确定"按钮呈现如图 1-14 所示的对话框。

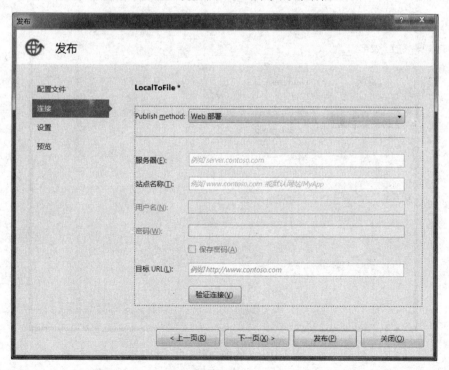

图 1-14　"发布"对话框（2）

在图 1-14 中，选择 Publish method 为"文件系统"，输入目标位置 D:\Expt2Pub，如图 1-15 所示。

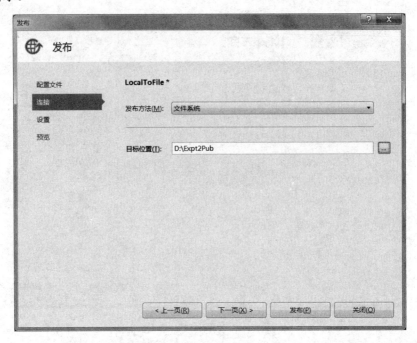

图 1-15   "发布"对话框（3）

在图 1-15 中，单击"下一页"按钮，呈现如图 1-16 所示的对话框。

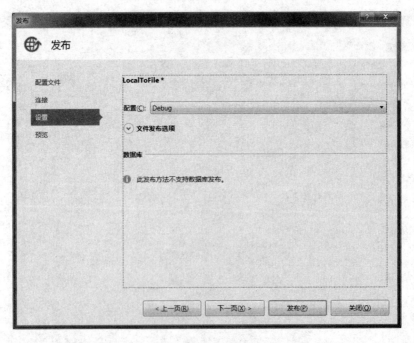

图 1-16   "发布"对话框（4）

在图 1-16 中，展开"文件发布选项"，选中"在发布期间预编译"选项。最后单击"发布"按钮完成 Expt2Site 网站的发布。比较 D:\ExptIIS\Expt1 和 D:\Expt2Pub 文件夹中的文件，体会"复制网站"和"发布 Web 应用"命令得到的目标文件的区别。

9. 在 IIS 7.5 中创建对应 D:\Expt2Pub 且端口为 8002 的 Expt2IIS 网站

（1）参考实验步骤 3 添加网站，其中，网站名称为 Expt2IIS，物理路径为 D:\Expt2Pub，端口为 8002。

（2）在其他联网计算机的浏览器中输入 http://10.15.0.1:8002/Default.aspx，访问 Default.aspx 进行测试。

10. 在 IIS 7.5 中 Experiment 网站下创建对应 D:\Expt2Pub 的 Web 应用程序 Expt2

（1）右击 IIS 7.5 中的 Experiment 网站，选择"添加应用程序"命令。如图 1-17 所示，在呈现的对话框中输入别名 Expt2，选择物理路径 D:\Expt2Pub。单击"确定"按钮创建 Web 应用程序 Expt2。

（2）在其他联网计算机的浏览器中输入 http://10.15.0.1/Expt2/Default.aspx，访问 Default.aspx 进行测试。

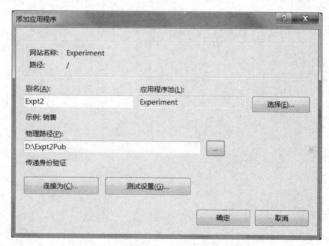

图 1-17　添加 Web 应用程序 Expt2 对话框

11. 迁移 Experiment 解决方案

创建 D:\ASPNET\Experiment 文件夹的压缩包 Experiment.zip，复制该压缩包到其他已安装 ASP.NET 网站开发环境的计算机上，解压缩后打开 Experiment.sln 文件即可继续进行 ASP.NET 网站开发。

四、实验拓展

（1）在学生个人计算机上，安装 IIS 7.5 和 VSC 2017，从而建立基于 VSC 2017 的 ASP.NET 网站开发平台。

（2）将 VSC 2017 中的 Expt1Site 网站通过"复制网站"命令复制到 IIS 7.5 中的某个 Web 应用程序，再通过公网地址访问 Default.aspx。

（3）将 VSC 2017 中的 Expt1Site 网站通过"发布 Web 应用"命令以"文件系统"方式

发布到本地某个文件夹，再在 IIS 7.5 中创建对应该文件夹的某个 Web 应用程序，最后通过公网地址访问 Default.aspx。

（4）查阅资料，在学生个人计算机上利用虚拟机技术（建议使用 Microsoft Virtual PC 虚拟机）建立能同时运行一个服务器和一个客户机的环境，其中，虚拟机服务器中安装 IIS 7.5 和 FTP 服务器，从而实现网站的测试。

（5）查阅资料，将 VSC 2017 中的 Expt1Site 网站通过"复制网站"命令复制到虚拟机服务器中的 FTP 站点。

（6）查阅资料，将 VSC 2017 中的 Expt1Site 网站通过"发布 Web 应用"命令分别以 "Web 部署""Web Deploy 包"、FTP 方式发布到虚拟机服务器中的 Web 应用程序。

（7）查阅资料，在 Microsoft Azure 中注册用户，将 VSC 2017 中的 Expt1Site 网站通过 "发布 Web 应用"命令发布到 Microsoft Azure。

（8）有条件的学校可提供具有公网 IP 地址的服务器，使学生能把建立好的 ASP.NET 网站发布到这些服务器上。考虑到服务器的运行维护问题，可考虑在服务器上使用虚拟服务器技术，对学生完全开放的是这些虚拟服务器。还可以考虑直接给学生购买阿里云等云平台服务器使用。

ASP.NET 网站开发基础

一、实验目的

（1）熟悉常用的 XHTML5 元素。

（2）掌握利用 table、div 和 CSS 实现页面布局的方法。

（3）掌握 CSS 控制页面样式的方法。

（4）了解 JavaScript 常识。

（5）熟悉 jQuery 的使用方法。

（6）理解 XML 文件结构，掌握 XML 文件建立的方法。

（7）熟悉 Bootstrap 的使用方法。

二、实验内容及要求

1. 建立一个描述 MyPetShop 应用程序信息的 XHTML5 文件

要求如下：

（1）浏览效果如图 2-1 所示。

（2）能为搜索引擎提供页面关键词 MyPetShop 和 XHTML5。

（3）包含<header>、<aside>、<nav>、<section>、<article>和<footer>等 XHTML5 元素。

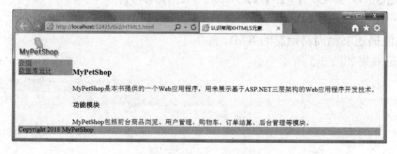

图 2-1　XHTML5 文件浏览效果

2. 利用 table 实现页面布局

要求如下：

（1）浏览效果如图 2-2 所示。

（2）对单元格通过 style 属性设置样式。

3. 利用 table 和自定义.css 文件实现页面布局

要求如下：

（1）浏览效果如图 2-2 所示。

（2）通过建立.css 文件控制所有样式。

图 2-2　页面布局效果（1）

4. 利用 Bootstrap.css 和自定义.css 文件进行页面布局

要求如下：

（1）浏览效果如图 2-3 所示。

（2）通过 Bootstrap.css 和建立的.css 文件控制所有样式。

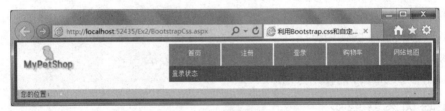

图 2-3　页面布局效果（2）

5. 利用 JavaScript 关闭当前窗口

要求如下：

（1）采用<a>元素实现。

（2）采用 Button 控件实现。

6. 利用 jQuery 实现一个时间数据来源于客户端的时钟

要求浏览效果如图 2-4 所示。

7. 建立能描述书籍简易信息的 XML 文件

要求浏览效果如图 2-5 所示。

图 2-4　"时钟页面"浏览效果　　　　图 2-5　XML 文件浏览效果

8. 利用 Bootstrap 建立响应式导航栏

要求如下：

（1）当浏览器窗口可视区域较大时呈现如图 2-6 所示的界面。

（2）当浏览器窗口可视区域较小时呈现如图 2-7 所示的界面。

（3）在图 2-7 中，单击汉堡按钮 ☰ 时呈现如图 2-8 所示的界面。

图 2-6 响应式导航栏效果（1）

图 2-7 响应式导航栏效果（2）　　　图 2-8 响应式导航栏效果（3）

三、实验步骤

1. 建立一个描述 MyPetShop 应用程序信息的 XHTML5 文件

（1）在 Experiment 解决方案中新建一个 ExSite 网站，再在该网站根文件夹下建立 Ex2 文件夹。

（2）从清华大学出版社网站下载主教材源程序包，将 MyPetShop 应用程序中的 Images 文件夹（内含 MyPetShop 应用程序 Logo 等图片文件）复制到 ExSite 网站的根文件夹。

（3）在 Ex2 文件夹中添加一个 HTML 页 HTML5.html。

（4）在\<head\>和\</head\>两标记之间，输入为搜索引擎提供页面关键词 MyPetShop 和 XHTML5 的如下代码：

```
<meta name="keywords" content="MyPetShop, XHTML5" />
```

（5）在\<body\>和\</body\>两标记之间，输入用于确定页面区域及内容的如下代码：

```
<header>
  <img alt="MyPetShop" src="../Images/logo.gif" />
</header>
<aside>
  <nav style="background-color: #C0C0C0">
    <a href="HTML5.html">介绍</a><br />
    <a href="HTML5.html">数据库设计</a>
  </nav>
```

```
  </aside>
  <section>
    <h3>MyPetShop</h3>
    <article>
      MyPetShop 是本书提供的一个 Web 应用程序，用来展示基于 ASP.NET 三层架构的 Web 应用程
      序开发技术。
    </article>
    <article>
      <h4>功能模块</h4>
      MyPetShop 包括前台商品浏览、用户管理、购物车、订单结算、后台管理等模块。
    </article>
  </section>
  <footer style="background-color: #C0C0C0">Copyright 2018 MyPetShop</footer>
```

（6）在<head>和</head>两标记之间，输入用于控制<aside>、<section>和<footer>等元素样式的如下代码：

```
<style type="text/css">
  aside { float: left; width: 15%; }
  section { float: right; width: 85%; }
  footer { clear: both; }
</style>
```

其中"float: left;"表示<aside>元素向左浮动。

（7）浏览 HTML5.html 查看效果。

2. 利用 table 实现页面布局

（1）设计 Web 窗体。

① 在 Ex2 文件夹中添加一个 Web 窗体 TableLayout.aspx。

② 切换到"设计"视图，选择"表"→"插入表"命令，创建一个 3 行、6 列的表格。

③ 选择（1,1）和（2,1）单元格，再选择"表"→"修改"→"合并单元格"命令合并这两个单元格，然后在当前单元格中添加一个 Image 控件。

④ 在（1,2）单元格中添加一个 LinkButton 控件。

⑤ 在（1,3）单元格中添加一个 LinkButton 控件。

⑥ 在（1,4）单元格中添加一个 LinkButton 控件。

⑦ 在（1,5）单元格中添加一个 LinkButton 控件。

⑧ 在（1,6）单元格中添加一个 LinkButton 控件。

⑨ 合并（2,2）～（2,6）单元格，输入"登录状态"。

⑩ 合并（3,1）～（3,6）单元格，输入"您的位置:"。

（2）设置各控件的属性。

Web 窗体中各控件的属性设置如表 2-1 所示。

表 2-1　各控件的属性设置表

控　　件	属　　性	属　性　值	说　　明
Image	ID	imgLogo	图片控件的编程名称
	ImageUrl	~/Images/Logo.gif	显示网站根文件夹下 Images 文件夹中的 Logo.gif

续表

控　　件	属　　性	属 性 值	说　　明
LinkButton	ID	lnkbtnDefault	"首页"链接按钮的编程名称
	ForeColor	White	设置链接按钮文本的前景颜色为白色
	Text	首页	"首页"链接按钮上显示的文本
LinkButton	ID	lnkbtnRegister	"注册"链接按钮的编程名称
	ForeColor	White	设置链接按钮文本的前景颜色为白色
	Text	注册	"注册"链接按钮上显示的文本
LinkButton	ID	lnkbtnLogin	"登录"链接按钮的编程名称
	ForeColor	White	设置链接按钮文本的前景颜色为白色
	Text	登录	"登录"链接按钮上显示的文本
LinkButton	ID	lnkbtnCart	"购物车"链接按钮的编程名称
	ForeColor	White	设置链接按钮文本的前景颜色为白色
	Text	购物车	"购物车"链接按钮上显示的文本
LinkButton	ID	lnkbtnSiteMap	"网站地图"链接按钮的编程名称
	ForeColor	White	设置链接按钮文本的前景颜色为白色
	Text	网站地图	"网站地图"链接按钮上显示的文本

（3）设置各 XHTML 元素的 style 属性值。

① 在"源"视图中，选择<body>元素，单击"属性"窗口中 style 属性右边的▣按钮。如图 2-9 所示，在呈现的"修改样式"对话框中分别设置 background-color 值为#616378、font-size 值为 12px、margin 值为 0px、text-align 值为 center。单击"确定"按钮完成 style 属性设置。

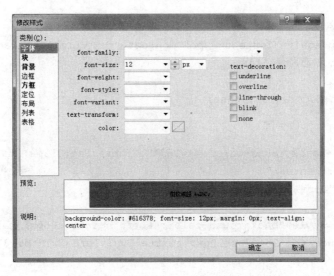

图 2-9　设置 style 属性对话框

② 选择<table>元素，设置 style 属性值为：

```
background-color: #fff; height: 86px; margin: 0 auto;
 padding: 4px 2px 2px 10px; text-align: left; width: 778px;
```

③ 选择 lnkbtnDefault 所在的<td>元素，设置 style 属性值为：

```
background-color: #8c8ea3; text-align: center; width: 96.4px;
```

对 lnkbtnRegister、lnkbtnLogin、lnkbtnCart、lnkbtnSiteMap 所在的\<td\>元素的 style 属性进行相同的设置。

④ 选择"登录状态"所在的\<td\>元素，设置 style 属性值为：

```
background-color: #666688; color: #fff;
```

⑤ 选择"您的位置："所在的\<td\>元素，设置 style 属性值为：

```
background-color: #ccccd4; margin: 0 auto; padding-left: 6px;
text-align: left; width: 778px;
```

⑥ 由于 LinkButton 控件编译后变成超链接元素\<a\>，因此，为了使 LinkButton 控件在页面浏览时不呈现下画线，可以通过设置超链接元素\<a\>的样式实现。具体操作时，在\</title\>和\</head\>标记之间输入代码如下：

```
<style>
 a { text-decoration: none; }
</style>
```

⑦ 设计完成后，选择"编辑"→"高级"→"设置文档的格式"命令，或者在工具栏增加"HTML 源编辑"命令按钮组后单击其中的 按钮编排整个文档的格式。主要源代码如下：

```
<head runat="server">
  <meta http-equiv="Content-Type" content="text/html; charset=utf-8" />
  <title>table 布局</title>
  <style>
    a { text-decoration: none; }
  </style>
</head>
<body style="background-color: #616378; font-size: 12px; margin: 0px;
 text-align: center;">
  <form id="form1" runat="server">
    <div>
      <table style="background-color: #fff; height: 86px; margin: 0 auto;
       padding: 4px 2px 2px 10px; text-align: left; width: 778px;">
       <tr>
         <td rowspan="2">
          <asp:Image ID="imgLogo" runat="server"
           ImageUrl="~/Images/Logo.gif" /></td>
         <td style="background-color: #8c8ea3; text-align: center;
          width: 96.4px;">
          <asp:LinkButton ID="lnkbtnDefault" ForeColor="White"
           runat="server">首页</asp:LinkButton></td>
         <td style="background-color: #8c8ea3; text-align: center;
```

```
      width: 96.4px;">
       <asp:LinkButton ID="lnkbtnRegister" ForeColor="White"
        runat="server">注册</asp:LinkButton></td>
      <td style="background-color: #8c8ea3; text-align: center;
       width: 96.4px;">
       <asp:LinkButton ID="lnkbtnLogin" ForeColor="White"
        runat="server">登录</asp:LinkButton></td>
      <td style="background-color: #8c8ea3; text-align: center;
       width: 96.4px;">
       <asp:LinkButton ID="lnkbtnCart" ForeColor="White"
        runat="server">购物车</asp:LinkButton></td>
      <td style="background-color: #8c8ea3; text-align: center;
       width: 96.4px;">
       <asp:LinkButton ID="lnkbtnSiteMap" ForeColor="White"
        runat="server">网站地图</asp:LinkButton></td>
     </tr>
     <tr>
      <td colspan="5" style="background-color: #666688; color: #fff;">
       登录状态</td>
     </tr>
     <tr>
      <td colspan="6" style="background-color: #ccccd4; margin: 0 auto;
       padding-left: 6px; text-align: left; width: 778px;">您的位置：</td>
     </tr>
    </table>
   </div>
  </form>
</body>
```

（4）浏览 TableLayout.aspx 查看效果。

3. 利用 table 和自定义.css 文件实现页面布局

（1）在 ExSite 网站根文件夹下建立 Styles 文件夹，再在 Styles 文件夹中添加一个样式表文件 Table.css。

（2）在 Table.css 中，输入代码如下：

```
a { text-decoration: none; }
body { background-color: #616378; font-size: 12px; margin: 0px;
 text-align: center; }
table { background-color: #fff; height: 86px; margin: 0 auto;
 padding: 4px 2px 2px 10px; text-align: left; width: 778px; }
.navigation { background-color: #8c8ea3; text-align: center; width: 96.4px; }
.status { background-color: #666688; color: #fff; }
.position { background-color: #ccccd4; margin: 0 auto; padding-left: 6px;
 text-align: left; width: 778px; }
```

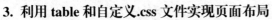

（3）将 Table.css 应用于页面布局。

① 在 Ex2 文件夹中添加一个 Web 窗体 TableCss.aspx，重复实验步骤 2（1）中的②～⑩及实验步骤 2（2）。

② 在"设计"视图中，选择"格式"→"附加样式表"命令，在呈现的对话框中选择 Styles 文件夹下的 Table.css 文件。

③ 在"源"视图中，选择 lnkbtnDefault 所在的<td>元素，设置 class 属性值为 navigation。类似地分别设置其他<td>元素的 class 属性值。设计完成后的主要源代码如下：

```
<head runat="server">
  <meta http-equiv="Content-Type" content="text/html; charset=utf-8" />
  <title>利用 table 和自定义.css 文件实现页面布局</title>
  <link href="../Styles/Table.css" rel="stylesheet" type="text/css" />
</head>
<body>
  <form id="form1" runat="server">
    <div>
      <table>
        <tr>
          <td rowspan="2">
            <asp:Image ID="imgLogo" runat="server"
            ImageUrl="~/Images/logo.gif" /></td>
          <td class="navigation">
            <asp:LinkButton ID="lnkbtnDefault" ForeColor="White"
            runat="server">首页</asp:LinkButton></td>
          <td class="navigation">
            <asp:LinkButton ID="lnkbtnRegister" ForeColor="White"
            runat="server">注册</asp:LinkButton></td>
          <td class="navigation">
            <asp:LinkButton ID="lnkbtnLogin" ForeColor="White"
            runat="server">登录</asp:LinkButton></td>
          <td class="navigation">
            <asp:LinkButton ID="lnkbtnCart" ForeColor="White"
            runat="server">购物车</asp:LinkButton></td>
          <td class="navigation">
            <asp:LinkButton ID="lnkbtnSiteMap" ForeColor="White"
            runat="server">网站地图</asp:LinkButton></td>
        </tr>
        <tr>
          <td colspan="5" class="status">登录状态</td>
        </tr>
        <tr>
          <td colspan="6" class="position">您的位置：</td>
        </tr>
      </table>
```

```
    </div>
  </form>
</body>
```

（4）浏览 TableCss.aspx 查看效果。

4. 利用 Bootstrap.css 和自定义.css 文件进行页面布局

（1）安装 Bootstrap。选择 ExSite 网站，再选择"网站"→"管理 NuGet 程序包"命令，在呈现的窗口中搜索 Bootstrap（本书使用 Bootstrap v3.3.7 版本，注意不同的 Bootstrap 版本可能会产生不同的页面布局效果）并安装。安装完成后，在 ExSite 网站根文件夹下的 Content 和 Scripts 文件夹中将分别自动添加由 Bootstrap 提供的 CSS 样式和 JavaScript 库。

（2）在 Styles 文件夹中添加一个样式表文件 Style.css，输入代码如下：

```
body { font-size: 12px; margin: 0px; background-color: #616378;
 text-align: center; }
form { margin-top: 3px; font-size: 12px; margin-bottom: 0;
 font-family: "Tahoma", "MS Shell Dlg"; }
.header { width: 778px; height: 86px; margin: 0 auto;
 padding: 4px 2px 2px 10px; text-align: left; background-color: #fff; }
  .header ul { width: 490px; float: right; }
    .header ul li { width: 96.4px; height: 40px; text-align: center; }
      .header ul li a:hover { background-color: #8c8ea3; }
  .header .status { width: 490px; float: right; padding: 6px; color: #fff;
   background-color: #666688; }
.navDark { background-color: #8c8ea3; }
.sitemap { width: 778px; margin: 0 auto; text-align: left; padding-left: 6px;
background-color: #ccccd4; }
```

（3）将 bootstrap.css 和 Style.css 应用于页面布局。

① 在 Ex2 文件夹中添加一个 Web 窗体 BootstrapCss.aspx。

② 在"设计"视图中，将 ExSite 网站根文件夹下 Content 文件夹中的 bootstrap.css 文件和 Styles 文件夹中的 Style.css 文件分别附加到 BootstrapCss.aspx。

③ 在"源"视图中，删除自动生成的<div>元素，在<form>元素中分别添加一个<header>元素和一个<nav>元素。

④ 在<header>元素中分别添加一个 Image 控件、一个<ul>元素和一个<div>元素。

⑤ 在<ul>元素中分别添加五个<li>元素，再在每个<li>元素中添加一个 LinkButton 控件。

⑥ 参考以下源代码设置各 XHTML 元素和各控件的属性，其中"nav nav-pills"类的样式定义包含在 bootstrap.css 文件中，其他元素和类的样式定义包含在 Style.css 文件中。

```
<head runat="server">
  <meta http-equiv="Content-Type" content="text/html; charset=utf-8" />
  <title>利用 Bootstrap.css 和自定义.css 文件进行页面布局</title>
  <link href="../Content/bootstrap.css" rel="stylesheet" type="text/css" />
  <link href="../Styles/Style.css" rel="stylesheet" type="text/css" />
```

```
</head>
<body>
  <form id="form1" runat="server">
    <header class="header">
    <asp:Image ID="imgLogo" runat="server" ImageUrl="~/Images/logo.gif"/>
    <ul class="nav nav-pills">
      <li class="navDark">
        <asp:LinkButton ID="lnkbtnDefault" ForeColor="White"
        runat="server">首页</asp:LinkButton></li>
      <li class="navDark">
        <asp:LinkButton ID="lnkbtnRegister" ForeColor="White"
        runat="server">注册</asp:LinkButton></li>
      <li class="navDark">
        <asp:LinkButton ID="lnkbtnLogin" ForeColor="White"
        runat="server">登录</asp:LinkButton></li>
      <li class="navDark">
        <asp:LinkButton ID="lnkbtnCart" ForeColor="White" runat="server">
        购物车</asp:LinkButton></li>
      <li class="navDark">
        <asp:LinkButton ID="lnkbtnSiteMap" ForeColor="White"
        runat="server">网站地图</asp:LinkButton></li>
    </ul>
    <div class="status">
      登录状态
    </div>
    </header>
    <nav class="sitemap">
      您的位置：
    </nav>
  </form>
</body>
```

（4）浏览 BootstrapCss.aspx 查看效果。

5. 利用 JavaScript 关闭当前窗口

（1）设计 Web 窗体。

在 Ex2 文件夹中添加一个 Web 窗体 CloseWindow.aspx，切换到"设计"视图，向页面添加一个 Button 控件。

（2）设置 Button 控件的属性。

设置 ID 属性值为 btnClose；OnClientClick 属性值为"javascript: window.close(); return false;"。

（3）切换到"源"视图，在 div 层中输入如下代码：

```
<a href="/" onclick="javascript: window.close(); return false;">关闭</a>
```

（4）浏览 CloseWindow.aspx 进行测试。

6. 利用 jQuery 实现一个时间数据来源于客户端的时钟

（1）选择 ExSite 网站，再选择"网站"→"管理 NuGet 程序包"命令，
在呈现的窗口中搜索 jQuery 并安装。安装完成后，在 ExSite 网站根文件夹下
的 Scripts 文件夹中将自动添加由 jQuery 提供的最新的 JavaScript 库（本书使
用 jQuery v3.2.1 版本）。

（2）在 Ex2 文件夹中添加一个 Web 窗体 Timer.aspx，设置系统已添加的<div>元素的
id 属性值为 date。代码如下：

```
<div id="date"></div>
```

在<head>和</head>两个标记之间、</title>标记的下面，输入代码如下：

```
<script src="../Scripts/jquery-3.2.1.min.js"></script>
<script>
  function refresh() {
    //设置 id 属性值为 date 的元素的呈现内容为客户端的系统时间
    $("#date").text((new Date()).toString());
    setTimeout("refresh()", 1000);  //过 1 秒后重复调用自定义的 refresh()函数
  }
</script>
```

需要注意的是，上述代码中的 jquery-3.2.1.min.js 必须根据实际安装的 jQuery 版本号进
行相应地修改。

当页面载入时，触发<body>元素的 load 事件，通过调用自定义的 JavaScript 函数 refresh()
实现时钟效果，此时，需要设置<body>元素的 onload 属性值为 refresh()。代码如下：

```
<body onload="refresh()">
```

（3）浏览 Timer.aspx 查看效果。

7. 建立描述书籍简易信息的 XML 文件

（1）在 Ex2 文件夹中添加一个 XML 文件 Book.xml，输入代码如下：

```
<?xml version="1.0" encoding="utf-8"?>
<Books>
  <Book ID="001">
    <BookName>Web 程序设计--ASP.NET 实用网站开发（第 3 版）</BookName>
    <Author>沈士根;叶晓彤</Author>
    <Price>49</Price>
  </Book>
  <Book ID="100">
    <BookName>ASP.NET 高级编程</BookName>
    <Author>张立</Author>
    <Price>156</Price>
  </Book>
  <Book ID="104">
    <BookName>C#高级编程</BookName>
```

```
    <Author>王小明</Author>
    <Price>119.8</Price>
  </Book>
  <Book ID="106">
    <BookName>基于 C#精通 LINQ 数据访问</BookName>
    <Author>毛一中</Author>
    <Price>45.9</Price>
  </Book>
</Books>
```

（2）浏览 Book.xml 查看效果。

8. 利用 Bootstrap 建立响应式导航栏

（1）在 Ex2 文件夹中添加一个 Web 窗体 NavBootstrap.aspx。在"源"视图中输入除自动生成代码以外的源程序，主要代码如下：

```
<head runat="server">
  <meta http-equiv="Content-Type" content="text/html; charset=utf-8" />
  <meta name="viewport" content="width=device-width, initial-scale=1.0" />
  <title>Bootstrap 响应式导航栏</title>
  <link href="../Content/bootstrap.css" rel="stylesheet" type="text/css" />
  <script src="../Scripts/jquery-3.2.1.min.js"></script>
  <script src="../Scripts/bootstrap.min.js"></script>
</head>
<body>
  <form id="form1" runat="server">
    <nav class="navbar navbar-default navbar-fixed-top" role="navigation">
      <div class="container">
        <div class="navbar-header">
          <button type="button" class="navbar-toggle"
          data-toggle="collapse" data-target="#navbar-menu">
            <span class="sr-only"></span>
            <span class="icon-bar"></span>
            <span class="icon-bar"></span>
            <span class="icon-bar"></span>
            <span class="icon-bar"></span>
          </button>
          <!-- 网站 Logo -->
          <a href="#" class="navbar-brand nav-title">MyPetShop</a>
        </div>
        <!-- 导航链接 -->
        <div class="collapse navbar-collapse" id="navbar-menu">
          <ul class="nav navbar-nav navbar-right">
            <li class="cative"><a href="#">首页</a></li>
            <li class="cative"><a href="#">注册</a></li>
            <li class="cative"><a href="#">登录</a></li>
```

```
        <li class="cative"><a href="#">购物车</a></li>
        <li class="cative"><a href="#">网站地图</a></li>
      </ul>
    </div>
  </div>
  </nav>
 </form>
</body>
```

（2）浏览 NavBootstrap.aspx，改变浏览器窗口的宽度，体会响应式设计效果。

四、实验拓展

（1）浏览主教材提供的 MyPetShop 应用程序，完成首页布局。

（2）利用 JavaScript 实现以下功能：

① 将当前页面添加到收藏夹。

② 禁止使用鼠标右键。

（3）修改实验内容 6 中的时钟程序，要求只显示时间信息。

（4）在页面中呈现一块广告区域，当单击该广告区域时，该区域将自动消失。要求利用 jQuery 实现。

（5）修改实验内容 8 中的响应式导航栏，利用 Bootstrap 实现自己学校网站的导航栏。

C#和 ASP.NET 的结合

一、实验目的

（1）了解 C#语言规范。
（2）掌握 C#基础语法、流程控制和异常处理等。
（3）掌握创建 C#类并应用于 ASP.NET 页面中的方法。
（4）掌握 ASP.NET 页面的调试方法。

二、实验内容及要求

1. 转换输入的成绩到相应的等级

要求如下：
（1）页面浏览效果如图 3-1 所示。
（2）成绩输入使用 TextBox 控件。
（3）单击 Button 控件时输出相应的等级信息，其中等级
信息输出在一个 Label 控件上。

图 3-1 "成绩转换页"浏览效果

2. 在 Web 窗体中输出九九乘法表

浏览效果如图 3-2 所示。

图 3-2 "九九乘法表"浏览效果

3. 输入一组以空格间隔的共 10 个以内的整数，输出该组整数的降序排列

图 3-3 "降序排列页"浏览效果

要求如下：
（1）页面浏览效果如图 3-3 所示。
（2）输入使用 TextBox 控件。
（3）单击 Button 控件时输出所有整数的降序排列。
（4）必须使用数组。

4. 计算两个数的商

要求如下：

（1）页面浏览效果如图 3-4 和图 3-5 所示。

（2）输入使用两个 TextBox 控件。

（3）单击 Button 控件时输出两个数的商。

（4）必须包含异常处理。

　图 3-4　"计算商"浏览效果（1）　　　　图 3-5　"计算商"浏览效果（2）

5. 设计并实现一个用户信息类 UserInfo

要求如下：

（1）包括两个属性：姓名（Name）和生日（Birthday）。

（2）包括一个用于判断用户是否达到规定年龄的 DecideAge()方法。当年龄大于等于 18 岁时返回值"×××，您是成人了！"，否则返回值"×××，您还没长大呢？"。

6. 在 Web 窗体中应用 UserInfo 类

页面浏览效果如图 3-6 和图 3-7 所示。

　图 3-6　"UserInfo 类应用"效果（1）　　　图 3-7　"UserInfo 类应用"效果（2）

7. 调试九九乘法表程序

要求如下：

（1）在"Response.Write(" ");"语句处设置断点。

（2）查看循环变量 *i* 和 *j* 的值。

（3）通过更改 *j* 变量人为地控制循环次数。

三、实验步骤

1. 转换输入的成绩到相应的等级

（1）设计 Web 窗体。

在 ExSite 网站根文件夹下建立 Ex3 文件夹，再在 Ex3 文件夹中添加一个 Web 窗体 Grade.aspx，切换到"设计"视图。如图 3-8 所示，向页面添加 TextBox、Button 和 Label 控件各一个。

图 3-8　成绩等级转换设计界面

（2）设置各控件的属性。

Web 窗体中各控件的属性设置如表 3-1 所示。

表 3-1   各控件的属性设置表

控　　件	属 性 名	属 性 值	说　　明
TextBox	ID	txtInput	"输入成绩"文本框的编程名称
Button	ID	btnSubmit	"等级"按钮的编程名称
	Text	等级	"等级"按钮上显示的文本
Label	ID	lblDisplay	显示等级信息的 Label 控件编程名称
	Text	空	初始不显示任何内容

（3）编写 Grade.aspx.cs 中的方法代码。

按钮 btnSubmit 被单击后，触发 Click 事件，执行的方法代码如下：

```
protected void BtnSubmit_Click(object sender, EventArgs e)  //本行应自动生成
//为了符合 C#命名规则，本书将所有自动生成的方法名改为首字母大写的形式。注意，Grade.aspx 文
    件中自动生成的 OnClick="btnSubmit_Click"须同步修改为 OnClick="BtnSubmit_Click"。
{
    float fGrade = float.Parse(txtInput.Text);
    int iGrade = (int)(fGrade / 10);
    switch (iGrade)
    {
      case 10:
      case 9:
        lblDisplay.Text = "优秀";
        break;
      case 8:
        lblDisplay.Text = "良好";
        break;
      case 7:
        lblDisplay.Text = "中等";
        break;
      case 6:
        lblDisplay.Text = "及格";
        break;
      default:
        lblDisplay.Text = "不及格";
        break;
    }
}
```

（4）浏览 Grade.aspx 进行测试。

2. 在 Web 窗体中输出九九乘法表

（1）在 Ex3 文件夹中添加一个 Web 窗体 Multiplication.aspx，切换到"设计"视图。在空白处双击，编写 Web 窗体载入时触发 Page.Load 事件后执行的 Page_Load()方法代码如下：

```
protected void Page_Load(object sender, EventArgs e)   //本行应自动生成
{
```

```
for (int i = 1; i <= 9; i++)    //i 变量控制行数
{
  for (int j = 1; j <= i; j++)  //输出一行
  {
    //输出一个乘法算式
    Response.Write(i.ToString() + "×" + j.ToString() + "="
     +(i * j).ToString());
    Response.Write("  ");  //输出两个空格
  }
  Response.Write("<br />");          //输出换行
}
```

（2）浏览 Multiplication.aspx 查看效果。

3. 输入一组以空格间隔的共 10 个以内的整数，输出该组整数的降序排列

（1）设计 Web 窗体。

在 Ex3 文件夹中添加一个 Web 窗体 ArrayDescending.aspx，切换到"设计"视图。如图 3-9 所示，向页面添加 TextBox 和 Button 控件各一个。

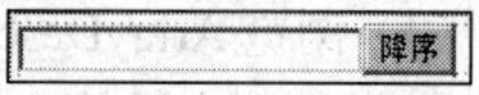

（2）设置各控件的属性。

Web 窗体中各控件的属性设置如表 3-2 所示。

图 3-9 整数降序排列设计界面

表 3-2 各控件的属性设置表

控 件	属 性 名	属 性 值	说 明
TextBox	ID	txtInput	"输入一组整数"文本框的编程名称
Button	ID	btnSubmit	"降序"按钮的编程名称
	Text	降序	"降序"按钮上显示的文本

（3）编写 ArrayDescending.aspx.cs 中的方法代码。

按钮 btnSubmit 被单击后，触发 Click 事件，执行的方法代码如下：

```
protected void BtnSubmit_Click(object sender, EventArgs e)  //本行应自动生成
{
  //获取文本框中输入的字符串，并在最后添加一个空格
  string sInput = txtInput.Text.Trim() + " ";  //引号中包含一个空格
  //j 控制数组下标；每个 aInput 数组元素存储一个整数；temp 存储一个整数字符串
  int j = 0;
  int[] aInput = new int[10];
  string temp = "0";
  //逐个获取 sInput 中的每个字符。若不是空格，则将该字符连接到 temp 中；
  //否则，将 temp 值转换为整数后存储到数组元素
  for (int i = 0; i <= sInput.Length - 1; i++)
  {
    if (sInput.Substring(i, 1) != " ")  //引号中包含一个空格
    {
      temp += sInput.Substring(i, 1);
    }
```

```
      else
      {
        aInput[j] = int.Parse(temp);
        j++;
        temp = "0";
      }
    }
    Array.Sort(aInput);          //升序排列数组
    Array.Reverse(aInput);       //反转数组顺序
    foreach (int i in aInput)
    {
      if (i != 0)                //数组元素不为 0
      {
        Response.Write(i + "  ");
      }
    }
  }
}
```

（4）浏览 ArrayDescending.aspx 进行测试。

4. 计算两个数的商

（1）设计 Web 窗体。

在 Ex3 文件夹中添加一个 Web 窗体 Division.aspx，切换到"设计"视图。如图 3-10 所示，向页面添加两个 TextBox 控件和一个 Button 控件。

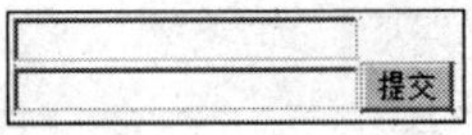

图 3-10　商计算设计界面

（2）设置各控件的属性。

Web 窗体中各控件的属性设置如表 3-3 所示。

表 3-3　各控件的属性设置表

控　件	属 性 名	属 性 值	说　　明
TextBox	ID	txtDivsor	"除数"文本框的编程名称
TextBox	ID	txtDividend	"被除数"文本框的编程名称
Button	ID	btnSubmit	"提交"按钮的编程名称
	Text	提交	"提交"按钮上显示的文本

（3）编写 Division.aspx.cs 中的方法代码。

按钮 btnSubmit 被单击后，触发 Click 事件，执行的方法代码如下：

```
protected void BtnSubmit_Click(object sender, EventArgs e)  //本行应自动生成
  {
    try
    {
      float divsor = float.Parse(txtDivsor.Text);
      float dividend = float.Parse(txtDividend.Text);
      Response.Write("商为: " + divsor / dividend);
    }
```

```
catch (Exception ee)
{
  Response.Write("请输入正确的数字！");
}
}
```

（4）浏览 Division.aspx 进行测试。

5. 设计并实现一个用户信息类 UserInfo

右击 ExSite 网站根文件夹下的 App_Code 文件夹，选择"添加"→"类"命令，输入
项名称 UserInfo，单击"确定"按钮建立 UserInfo.cs 文件。然后，输入代码如下：

```
/// <summary>
/// UserInfo 类包含 Name 和 Birthday 两个属性及一个 DecideAge() 方法
/// </summary>
public class UserInfo
{
  //_Name 字段对应 Name 属性，_Birthday 字段对应 Birthday 属性
  private string _Name;  //下画线左边有一个空格，下同
  private DateTime _Birthday;
  /// <summary>
  /// 定义 Name 属性
  /// </summary>
  public string Name
  {
    get { return _Name; }
    set { _Name = value; }
  }
  /// <summary>
  /// 定义 Birthday 属性
  /// </summary>
  public DateTime Birthday
  {
    get { return _Birthday; }
    set { _Birthday = value; }
  }
  /// <summary>
  /// 定义构造函数
  /// </summary>
  /// <param name="name">姓名</param>
  /// <param name="birthday">生日</param>
  public UserInfo(string name, DateTime birthday)
  {
    this._Name = name;
    this._Birthday = birthday;
  }
  /// <summary>
```

```
///  DecideAge()方法用于判断用户是否达到规定年龄
///  </summary>
///  <returns>当年龄大于等于 18 岁时返回值"×××，您是成人了!"，否则返回值"×××，
///您还没长大呢?"。</returns>
public string DecideAge()
{
  if (DateTime.Now.Year - _Birthday.Year < 18)
  {
    return this._Name + "，您还没长大呢?";
  }
  else
  {
    return this._Name + "，您是成人了! ";
  }
}
}
```

6. 在 Web 窗体中应用 UserInfo 类

（1）设计 Web 窗体。

在 Ex3 文件夹中添加一个 Web 窗体 UserInfoPage.aspx，切换到"设计"视图。如图 3-11 所示，向页面输入"姓名："和"生日："，添加两个 TextBox 控件和一个 Button 控件。

（2）设置各控件的属性。

Web 窗体中各控件的属性设置如表 3-4 所示。

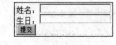

图 3-11 UserInfo 类应用设计界面

表 3-4 各控件的属性设置表

控　件	属 性 名	属 性 值	说　　明
TextBox	ID	txtName	"姓名"文本框的编程名称
TextBox	ID	txtBirthday	"生日"文本框的编程名称
Button	ID	btnSubmit	"提交"按钮的编程名称
	Text	提交	"提交"按钮上显示的文本

（3）编写 UserInfoPage.aspx.cs 中的方法代码。

按钮 btnSubmit 被单击后，触发 Click 事件，执行的方法代码如下：

```
protected void BtnSubmit_Click(object sender, EventArgs e)  //本行应自动生成
{
  string name = txtName.Text;
  string birthday = txtBirthday.Text;
  //建立 UserInfo 类的实例对象 userInfo，ParseExact()用于将字符串转换为 DateTime 对象
  UserInfo userInfo = new UserInfo(name, DateTime.ParseExact(birthday,
    "yyyyMMdd", null));
  Response.Write(userInfo.DecideAge());
}
```

（4）浏览 UserInfoPage.aspx 进行测试。

7. 调试九九乘法表程序

（1）打开 Web.config 文件，在<system.web>和</system.web>两个标记之间，输入用于启用调试的配置代码如下：

```
<compilation debug="true" targetFramework="4.6.1"/>
```

（2）打开 Multiplication.aspx.cs 文件，右击"Response.Write(" ");"语句，选择"断点"→"插入断点"命令在该语句处设置断点。

（3）按 F5 键启动调试，呈现如图 3-12 所示的界面。

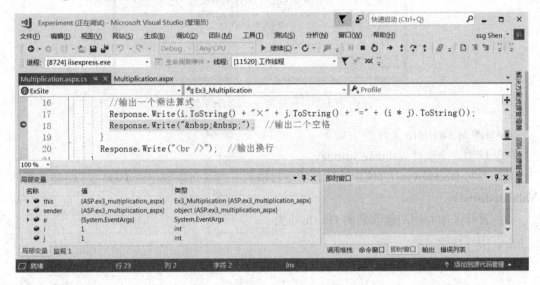

图 3-12　调试界面

（4）在图 3-12 的"局部变量"窗口中，查看包括循环变量 i 和 j 在内的所有当前变量信息。

（5）在图 3-12 的"监视"窗口中，输入"监视名称" $j+1$，查看表达式 $j+1$ 的结果。

（6）在图 3-12 的"即时"窗口中，输入 $j=4$ 并回车，人为地改变 j 变量的值。

（7）按 F11 键逐条语句地执行程序，在"局部变量"和"监视"窗口中观察各变量和表达式的变化。

（8）当需要结束程序调试时，按 Shift+F5 键停止调试。

四、实验拓展

（1）扩充成绩转换程序。要求增加对输入成绩的合法性判断。

（2）将九九乘法表改成如图 3-13 所示的浏览效果，并进行程序调试。

（3）调试实验内容 3 的程序，写出 aInput 数组的变化过程。之后，完善实验内容 3 的程序，要求能完成包含 0 和负数的排序，并进行程序调试。

（4）查阅资料，分别使用 ArrayList 类和 List<T>泛型实现降序排列一组整数的功能，并进行程序调试。

（5）修改计算商的程序，要求如下：

① 将用于获取"除数"和"被除数"的变量的数据类型改为 int，再浏览 Web 窗体进行测试，分析显示的结果。

② 增加系统异常信息的输出。

③ 进行程序调试。

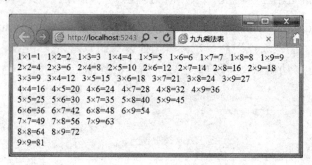

图 3-13　实验拓展（2）浏览效果

（6）改写 UserInfo 类，要求如下：

① 增加一个事件 ValidateBirthday。

② 改写 DecideAge()方法，当输入的生日值大于当前日期或小于 1900-1-1 时触发事件 ValidateBirthday。

③ 设计页面并应用修改后的 UserInfo 类。

④ 进行程序调试。

ASP.NET 标准控件

一、实验目的

（1）理解 ASP.NET 页面事件处理流程。

（2）掌握 ASP.NET 标准控件的应用。

二、实验内容及要求

1. 设计并实现一个简易的计算器

要求如下：

（1）页面浏览效果如图 4-1 所示。

（2）仿照一般计算器的工作方式，实现"加"和"减"的功能。

2. 设计并实现一个查询教师课表的联动下拉列表框页面

要求如下：

（1）页面浏览效果如图 4-2 所示。

图 4-1 "简易计算器"浏览效果　　　　　　图 4-2 "联动下拉列表框"浏览效果

（2）"学年"下拉列表框中添加 10 个列表项：当前学年及之前的 9 个学年。

（3）"学期"下拉列表框中添加两个列表项："1"和"2"。

（4）"分院"下拉列表框中添加 3 个列表项："计算机学院""外国语学院"和"机电学院"。

（5）"教师"下拉列表框中的列表项根据不同的分院产生。

3. 设计并实现一个包含单项选择题的测试页面

要求如下：

（1）页面浏览效果如图 4-3 所示。

（2）试题要求和选择项必须动态生成。

（3）如图 4-4 所示，当单击"提交"按钮时，给出选择的答案。

图 4-3 "测试页"浏览效果（1）

图 4-4 "测试页"浏览效果（2）

三、实验步骤

1. 设计并实现一个简易的计算器

（1）设计 Web 窗体。

在 ExSite 网站根文件夹下建立 Ex4 文件夹，再在 Ex4 文件夹中添加一个 Web 窗体 Calculator.aspx，切换到"设计"视图。如图 4-5 所示，在自动生成的 div 层中输入"简易计算器"，添加一个 TextBox 控件和六个 Button 控件。

图 4-5 简易计算器设计界面

（2）设置 div 层和各控件的属性。

① 设置 div 层的 style 属性，使得其中的文本对齐方式为"居中"。代码如下：

```
text-align: center;
```

② Web 窗体中各控件的属性设置如表 4-1 所示。

表 4-1 各控件的属性设置表

控 件	属 性 名	属 性 值	说 明
TextBox	ID	txtDisplay	显示输入数字的文本框控件的编程名称
	ReadOnly	True	不能更改文本框中的文本，默认值为 False
	Width	110px	文本框的宽度
Button	ID	btnOne	数字"1"按钮的编程名称
	Text	1	数字"1"按钮上显示的文本
	Width	40px	数字"1"按钮的宽度
Button	ID	btnTwo	数字"2"按钮的编程名称
	Text	2	数字"2"按钮上显示的文本
	Width	40px	数字"2"按钮的宽度
Button	ID	btnThree	数字"3"按钮的编程名称
	Text	3	数字"3"按钮上显示的文本
	Width	40px	数字"3"按钮的宽度
Button	ID	btnAdd	"+"按钮的编程名称
	Text	+	"+"按钮上显示的文本
	Width	40px	"+"按钮的宽度
Button	ID	btnSubtract	"−"按钮的编程名称
	Text	-	"−"按钮上显示的文本
	Width	40px	"−"按钮的宽度

续表

控　件	属　性　名	属　性　值	说　　明
Button	ID	btnEqual	"=" 按钮的编程名称
	Text	=	"=" 按钮上显示的文本
	Width	40px	"=" 按钮的宽度

（3）编写 Calculator.aspx.cs 中的方法代码。

① 在所有方法外声明静态字段，使得这些静态字段中保存的数据可以在所有的方法中被访问，并能在方法代码执行结束后保留数据。其中，静态字段 num1 用于存储算式中的第一个数字字符串，初始值为"0"；num2 用于存储算式中的第二个数字字符串，初始值为"0"；total 用于存储将所有输入的数连接后的数字字符串，初始值为""（空字符串，双引号之间无空格）；sign 用于存储运算符号，初始值为""。代码如下：

```
static string num1 = "0", num2 = "0", total = "", sign = "";
```

② 当按钮 btnOne 被单击后，触发 Click 事件，执行的方法代码如下：

```
protected void BtnOne_Click(object sender, EventArgs e)    //本行应自动生成
{
  total += "1";   //将数字字符串"1"与 total 原值连接后再存入 total
  txtDisplay.Text = total;
}
```

③ 当按钮 btnTwo 被单击后，触发 Click 事件，执行的方法代码如下：

```
protected void BtnTwo_Click(object sender, EventArgs e)    //本行应自动生成
{
  total += "2";
  txtDisplay.Text = total;
}
```

④ 当按钮 btnThree 被单击后，触发 Click 事件，执行的方法代码如下：

```
protected void BtnThree_Click(object sender, EventArgs e)//本行应自动生成
{
  total += "3";
  txtDisplay.Text = total;
}
```

⑤ 当按钮 btnAdd 被单击后，触发 Click 事件，执行的方法代码如下：

```
protected void BtnAdd_Click(object sender, EventArgs e)    //本行应自动生成
{
  if (sign.Length == 1)                         //sign 已存储运算符号
  {
    Count();                                    //调用自定义方法 Count()计算结果
    num1 = txtDisplay.Text;
    sign = "+";
```

```
    }
    else                                      //sign 未存储运算符号
    {
      num1 = txtDisplay.Text;
      txtDisplay.Text = "";                   //""中不包含空格
      total = "";
      sign = "+";
    }
}
```

⑥ 当按钮 btnSubtract 被单击后，触发 Click 事件，执行的方法代码如下：

```
protected void BtnSubtract_Click(object sender, EventArgs e)//本行应自动生成
{
  if (sign.Length == 1)                       //sign 已存储运算符号
  {
    Count();                                  //调用自定义方法 Count() 计算结果
    num1 = txtDisplay.Text;
    sign = "-";
  }
  else                                        //sign 未存储运算符号
  {
    num1 = txtDisplay.Text;
    txtDisplay.Text = "";
    total = "";
    sign = "-";
  }
}
```

⑦ 当按钮 btnEqual 被单击后，触发 Click 事件，执行的方法代码如下：

```
protected void BtnEqual_Click(object sender, EventArgs e)   //本行应自动生成
{
  Count();                                    //调用自定义方法 Count() 计算结果
}
```

⑧ 建立自定义方法 Count()，该方法用于计算"num1 运算符 num2"的结果。代码
如下：

```
protected void Count()                        //本行应自行输入
{
  num2 = txtDisplay.Text;
  if (num2 == "")                             //num2 值为空字符串
  {
    num2 = "0";
  }
  switch (sign)                               //根据不同的运算符分别计算结果
  {
    case "+":
      txtDisplay.Text = (int.Parse(num1) + int.Parse(num2)).ToString();
```

```
        num1 = "0";
        num2 = "0";
        total = "";
        sign = "";
        break;
    case "-":
        txtDisplay.Text = (int.Parse(num1) - int.Parse(num2)).ToString();
        num1 = "0";
        num2 = "0";
        total = "";
        sign = "";
        break;
    }
}
```

（4）浏览 Calculator.aspx 进行测试。

（5）在 BtnAdd_Click()方法中的"if (sign.Length == 1)"语句处设置断点，按 F5 键启动调试，再通过按 F11 键逐条语句地执行程序，观察 num1、num2、total 和 sign 变量值以及 txtDisplay.Text 属性值的变化情况，理解程序的执行过程。

2. 设计并实现一个查询教师课表的联动下拉列表框页面

（1）设计 Web 窗体。

在 Ex4 文件夹中添加一个 Web 窗体 Course.aspx，切换到"设计"视图。

如图 4-6 所示，向页面输入"学年:""学期:""分院:"和"教师:"，添加四个 DropDownList 控件。适当调整各控件的大小和位置。

图 4-6 联动下拉列表框设计界面

（2）设置各控件的属性。

Web 窗体中各控件的属性设置如表 4-2 所示。

表 4-2 各控件的属性设置表

控　件	属　性　名	属　性　值	说　　明
DropDownList	ID	ddlYear	"学年"下拉列表框的编程名称
	AutoPostBack	True	当改变当前列表项内容后，自动触发页面往返
DropDownList	ID	ddlTerm	"学期"下拉列表框的编程名称
	AutoPostBack	True	当改变当前列表项内容后，自动触发页面往返
DropDownList	ID	ddlCollege	"分院"下拉列表框的编程名称
	AutoPostBack	True	当改变当前列表项内容后，自动触发页面往返
DropDownList	ID	ddlTeacher	"教师"下拉列表框的编程名称
	AutoPostBack	True	当改变当前列表项内容后，自动触发页面往返

（3）编写 Course.aspx.cs 中的方法代码。

① 当 Web 窗体载入时，触发 Page.Load 事件，执行 Page_Load()方法。代码如下：

```
protected void Page_Load(object sender, EventArgs e)    //本行应自动生成
```

```
   if (!IsPostBack)       //页面第一次载入，向各下拉列表框填充列表项
   {
     BindYear();          //调用自定义方法向"学年"下拉列表框填充列表项
     BindTerm();          //调用自定义方法向"学期"下拉列表框填充列表项
     BindCollege();       //调用自定义方法向"分院"下拉列表框填充列表项
     BindTeacher();       //调用自定义方法向"教师"下拉列表框填充列表项
   }
}
```

② 建立自定义方法 BindYear()，该方法用于向"学年"下拉列表框添加 10 个列表项：当前学年及之前的 9 个学年。代码如下：

```
protected void BindYear()                      //本行应自行输入
{
  ddlYear.Items.Clear();                       //清空"学年"下拉列表框中的列表项
  int startYear = DateTime.Now.Year - 10;
  int currentYear = DateTime.Now.Year;
  //向"学年"下拉列表框添加列表项
  for (int i = startYear; i <= currentYear; i++)
  {
    ddlYear.Items.Add(new ListItem((i - 1).ToString() + "-" + i.ToString()));
  }
  //设置"学年"下拉列表框的默认列表项
  ddlYear.SelectedValue = (currentYear - 1).ToString() + "-"
   + currentYear.ToString();
}
```

③ 建立自定义方法 BindTerm()，该方法用于向"学期"下拉列表框添加"1"和"2"。代码如下：

```
protected void BindTerm()                      //本行应自行输入
{
  ddlTerm.Items.Clear();
  //向"学期"下拉列表框添加列表项
  for (int i = 1; i <= 2; i++)
  {
    ddlTerm.Items.Add(i.ToString());
  }
}
```

④ 建立自定义方法 BindCollege()，该方法用于向"分院"下拉列表框添加"计算机学院""外国语学院"和"机电学院"。代码如下：

```
protected void BindCollege()    //本行应自行输入
{
  ddlCollege.Items.Clear();
```

```
ddlCollege.Items.Add(new ListItem("计算机学院"));
ddlCollege.Items.Add(new ListItem("外国语学院"));
ddlCollege.Items.Add(new ListItem("机电学院"));
}
```

⑤ 当"分院"下拉列表框中改变当前选择项时，触发 SelectedIndexChanged 事件，执行的方法代码如下：

```
protected void DdlCollege_SelectedIndexChanged(object sender, EventArgs e)
                                                            //本行应自动生成
{
    BindTeacher();  //调用自定义方法向"教师"下拉列表框填充列表项
}
```

⑥ 建立自定义方法 BindTeacher()，该方法用于向"教师"下拉列表框添加不同的教师姓名。代码如下：

```
protected void BindTeacher()            //本行应自行输入
{
    ddlTeacher.Items.Clear();
    switch (ddlCollege.SelectedValue)  //根据不同的分院添加不同的教师姓名
    {
        case "计算机学院":                      //在实际工程中，添加的数据应来源于数据库
        ddlTeacher.Items.Add(new ListItem("曹明"));
        ddlTeacher.Items.Add(new ListItem("李妙"));
        ddlTeacher.Items.Add(new ListItem("王芳"));
        break;
        case "外国语学院":
        ddlTeacher.Items.Add(new ListItem("张强"));
        ddlTeacher.Items.Add(new ListItem("王第男"));
        break;
        case "机电学院":
        ddlTeacher.Items.Add(new ListItem("朱兆清"));
        ddlTeacher.Items.Add(new ListItem("毛沁程"));
        break;
    }
}
```

（4）浏览 Course.aspx 进行测试。

（5）在 Page_Load()方法中的"if (!IsPostBack)"语句处设置断点，按 F5 键启动调试，再通过按 F11 键逐条语句地执行程序，理解程序的执行过程。

3. 设计并实现一个包含单项选择题的测试页面

（1）设计 Web 窗体。

在 Ex4 文件夹中添加一个 Web 窗体 Choice.aspx，切换到"设计"视图。如图 4-7 所示，向页面添加 PlaceHolder、Button 和 Label 控件各一个。

```
[ PlaceHolder "plhChoice" ] 提交 [lblDisplay]
```

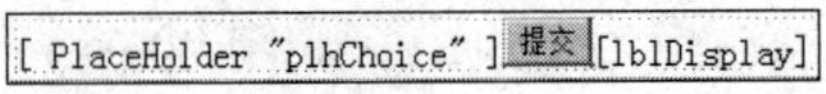

图 4-7　单项选择题测试设计界面

（2）设置各控件的属性。

Web 窗体中各控件的属性设置如表 4-3 所示。

表 4-3　各控件的属性设置表

控　　件	属 性 名	属 性 值	说　　　明
PlaceHolder	ID	plhChoice	显示题目的 PlaceHolder 控件的编程名称
Button	ID	btnSubmit	"提交"按钮的编程名称
	Text	提交	"提交"按钮上显示的文本
Label	ID	lblDisplay	显示选择结果的 Label 控件的编程名称
	Text	空	初始不显示任何内容

（3）编写 Choice.aspx.cs 中的方法代码。

① 当 Web 窗体载入时，触发 Page.Load 事件，执行的 Page_Load()方法代码如下：

```
protected void Page_Load(object sender, EventArgs e)    //本行应自动生成
{
  //定义 Label 控件 lblQuestion
  Label lblQuestion = new Label
  {
    ID = "lblQuestion",
    //设置题目要求。在实际工程中，数据应来源于数据库。
    Text = "1. Web 服务器控件不包括（    ）。"
  };
  //将 lblQuestion 控件添加到 plhChoice 控件中
  plhChoice.Controls.Add(lblQuestion);
  //定义 RadioButtonList 控件 rdoltChoice
  RadioButtonList rdoltChoice = new RadioButtonList
  {
    ID = "rdoltChoice"
  };
  //设置单项选择题的选择项。在实际工程中，数据应来源于数据库
  rdoltChoice.Items.Add(new ListItem("A. Wizard", "A"));
  rdoltChoice.Items.Add(new ListItem("B. input", "B"));
  rdoltChoice.Items.Add(new ListItem("C. AdRotator", "C"));
  rdoltChoice.Items.Add(new ListItem("D. Calendar", "D"));
  plhChoice.Controls.Add(rdoltChoice);
}
```

② 当按钮 btnSubmit 被单击后，触发 Click 事件，执行的方法代码如下：

```
protected void BtnSubmit_Click(object sender, EventArgs e) //本行应自动生成
{
```

```
//在plhChoice控件中查找rdoltChoice控件
RadioButtonList rdoltChoice =
  (RadioButtonList)plhChoice.FindControl("rdoltChoice");
lblDisplay.Text = "您选择了: " + rdoltChoice.SelectedValue;
}
```

（4）浏览 Choice.aspx 进行测试。

（5）在 Page_Load() 方法中的"plhChoice.Controls.Add(lblQuestion);"语句处设置断点，按 F5 键启动调试，再通过按 F11 键逐条语句地执行程序，理解程序的执行过程。

四、实验拓展

（1）扩充计算器程序。要求增加"CE""sin""x^2""÷""×"和"."等按钮并实现相应的功能，再进行程序调试。

（2）参考主教材实例 4-10 完善教师课表查询页面。要求选择不同的教师姓名时，会产生不同的动态表格。在学了数据库操作后，产生的动态表格数据应来自相应的数据表。

（3）完善单项选择题测试页面。要求如下：

① 使用控件数组。

② 显示 5 道单项选择题。

③ 各单项选择题的题目要求和选择项等数据预先存放在数组中。

④ 进行程序调试。

ASP.NET 窗体验证

一、实验目的

（1）理解客户端和服务器端验证。

（2）掌握 ASP.NET 各验证控件的使用。

（3）掌握分组验证的方法。

二、实验内容及要求

1. 设计并实现一个带验证控件的用户注册页面

要求如下：

（1）页面浏览效果如图 5-1 和图 5-2 所示。

（2）"用户名""密码""确认密码""生日"
"电话号码"和"身份证号"等信息必须输入。

（3）"密码"和"确认密码"的输入值必
须一致。

（4）"生日"的输入值必须在 1900-1-1 到
2020-1-1 之间。

图 5-1 "用户注册验证页面"浏览效果（1）

（5）"电话号码"的输入信息格式必须如 021-66798304 形式。

（6）"身份证号"中的出生年月信息必须为合法的日期数据。

（7）能汇总显示所有的验证错误信息，并以独立的对话框显示。

（8）当验证控件出现验证错误时，焦点会定位在出现验证错误的文本框中。

（9）若通过所有的验证，则显示"验证通过！"的信息。

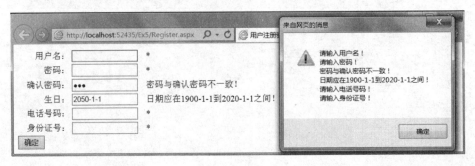

图 5-2 "用户注册验证页面"浏览效果（2）

2. 设计并实现同一个页面的分组验证功能

要求如下：

（1）页面浏览效果如图 5-3 所示。

（2）如图 5-4 所示，当单击"用户名是否可用"按钮时，仅对"用户名"进行验证。

图 5-3 "分组验证页"浏览效果（1）　　　图 5-4 "分组验证页"浏览效果（2）

（3）如图 5-5 和图 5-6 所示，当在"用户名"文本框中输入 leaf，再单击"用户名是否可用"按钮时输出"抱歉！该用户名已被占用！"的信息；当在"用户名"文本框中输入其他信息，再单击"用户名是否可用"按钮时输出"恭喜！该用户名可用！"的信息。

图 5-5 "分组验证页"浏览效果（3）　　　图 5-6 "分组验证页"浏览效果（4）

（4）如图 5-7 所示，当单击"确定"按钮时，对"密码""确认密码""生日""电话号码"和"身份证号"进行验证。

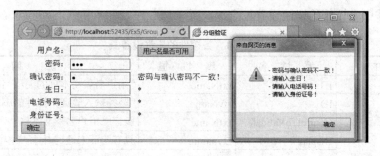

图 5-7 "分组验证页"浏览效果（5）

三、实验步骤

1. 设计并实现一个带验证控件的用户注册页面

（1）安装并配置 jQuery。

① 参考实验 2 在 ExSite 网站中利用 NuGet 程序包管理器安装 jQuery。若在实验 2 中

已安装 jQuery，则略过本步骤。

② 在 ExSite 网站根文件夹中建立 Global.asax 文件（全局应用程序类文件），并在网站启动时执行的 Application_Start()方法中添加代码如下：

```
ScriptResourceDefinition scriptResDef = new ScriptResourceDefinition();
//设置 jQuery 提供的 JavaScript 库路径，其中版本号由安装的 jQuery 版本号确定
scriptResDef.Path = "~/Scripts/jquery-3.2.1.min.js";
ScriptManager.ScriptResourceMapping.AddDefinition("jquery", scriptResDef);
```

（2）设计 Web 窗体。

在 ExSite 网站根文件夹下建立 Ex5 文件夹，再在 Ex5 文件夹中添加一个 Web 窗体 Register.aspx，切换到"设计"视图。如图 5-8 所示，向页面添加一个用于页面布局的 6 行 3 列表格。在相应的单元格中输入"用户名:""密码:""确认密码:""生日:""电话号码:"和"身份证号:"，并设置这些单元格的 style 属性，使得文本的对齐方式为右对齐；在相应的单元格中共添加六个 TextBox 控件、六个 RequiredFieldValidator 控件、一个 CompareValidator 控件、一个 RangeValidator 控件、一个 RegularExpressionValidator 控件和一个 CustomValidator 控件。适当调整各单元格的宽度。在表格下面添加 Button、Label 和 ValidationSummary 控件各一个。

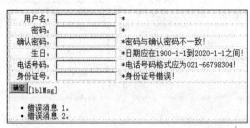

图 5-8　带验证控件的用户注册设计界面

（3）设置各控件的属性。

Web 窗体中各控件的属性设置如表 5-1 所示。

表 5-1　各控件的属性设置表

控　件	属 性 名	属 性 值	说　明
TextBox	ID	txtName	"用户名"文本框的编程名称
RequiredFieldValidator	ID	rfvName	"必须输入验证"控件的编程名称
	ControlToValidate	txtName	验证"用户名"文本框
	Display	Dynamic	只有验证未通过时才占用空间
	ErrorMessage	请输入用户名！	验证未通过时在"汇总验证"控件中显示的错误信息
	SetFocusOnError	True	验证未通过时将焦点定位到"用户名"文本框
	Text	*	验证未通过时提示的错误信息
TextBox	ID	txtPassword	"密码"文本框的编程名称
	TextMode	Password	设置"密码"文本框为密码模式

续表

控　　件	属 性 名	属 性 值	说　　明
RequiredFieldValidator	ID	rfvPassword	"必须输入验证"控件的编程名称
	Display	Dynamic	只有验证未通过时才占用空间
	ControlToValidate	txtPassword	验证"密码"文本框
	ErrorMessage	请输入密码！	验证未通过时在"汇总验证"控件中显示的错误信息
	SetFocusOnError	True	验证未通过时将焦点定位到"密码"文本框
	Text	*	验证未通过时提示的错误信息
TextBox	ID	txtPasswordAgain	"确认密码"文本框的编程名称
	TextMode	Password	设置"确认密码"文本框为密码模式
RequiredFieldValidator	ID	rfvPasswordAgain	"必须输入验证"控件的编程名称
	ControlToValidate	txtPasswordAgain	验证"确认密码"文本框
	Display	Dynamic	只有验证未通过时才占用空间
	ErrorMessage	请输入确认密码！	验证未通过时在"汇总验证"控件中显示的错误信息
	SetFocusOnError	True	验证未通过时将焦点定位到"确认密码"文本框
	Text	*	验证未通过时提示的错误信息
CompareValidator	ID	cvPassword	"比较验证"控件的编程名称
	ControlToCompare	txtPassword	与"密码"文本框比较
	ControlToValidate	txtPasswordAgain	验证"确认密码"文本框
	Display	Dynamic	只有验证未通过时才占用空间
	ErrorMessage	密码与确认密码不一致！	验证未通过时在"汇总验证"控件中显示的错误信息
	SetFocusOnError	True	验证未通过时将焦点定位到"确认密码"文本框
TextBox	ID	txtBirthday	"生日"文本框的编程名称
RequiredFieldValidator	ID	rfvBirthday	"必须输入验证"控件的编程名称
	ControlToValidate	txtBirthday	验证"生日"文本框
	Display	Dynamic	只有验证未通过时才占用空间
	ErrorMessage	请输入生日！	验证未通过时在"汇总验证"控件中显示的错误信息
	SetFocusOnError	True	验证未通过时将焦点定位到"生日"文本框
	Text	*	验证未通过时提示的错误信息
RangeValidator	ID	rvBirthday	"范围验证"控件的编程名称
	ControlToValidate	txtBirthday	验证"生日"文本框
	Display	Dynamic	只有验证未通过时才占用空间
	ErrorMessage	日期应在1900-1-1到2020-1-1之间！	验证未通过时在"汇总验证"控件中显示的错误信息
	MaximumValue	2020-1-1	设置最大的日期为2020-1-1
	MinimumValue	1900-1-1	设置最小的日期为1900-1-1

续表

控　件	属　性　名	属　性　值	说　明
RangeValidator	SetFocusOnError	True	验证未通过时将焦点定位到"生日"文本框
	Type	Date	要比较的值为日期型
TextBox	ID	txtTelephone	"电话号码"文本框的编程名称
RequiredFieldValidator	ID	rfvTelephone	"必须输入验证"控件的编程名称
	ControlToValidate	txtTelephone	验证"电话号码"文本框
	Display	Dynamic	只有验证未通过时才占用空间
	ErrorMessage	请输入电话号码！	验证未通过时在"汇总验证"控件中显示的错误信息
	SetFocusOnError	True	验证未通过时将焦点定位到"电话号码"文本框
	Text	*	验证未通过时提示的错误信息
RegularExpression-Validator	ID	revTelephone	"规则表达式验证"控件的编程名称
	ControlToValidate	txtTelephone	验证"电话号码"文本框
	Display	Dynamic	只有验证未通过时才占用空间
	ErrorMessage	电话号码格式应为021-66798304！	验证未通过时在"汇总验证"控件中显示的错误信息
	ValidationExpression	\d{3}-\d{8}	表达式为"3 个数字-8 个数字"
	SetFocusOnError	True	验证未通过时将焦点定位到"电话号码"文本框
TextBox	ID	txtIdentity	"身份证号"文本框的编程名称
RequiredFieldValidator	ID	rfvIdentity	"必须输入验证"控件的编程名称
	ControlToValidate	txtIdentity	验证"身份证号"文本框
	Display	Dynamic	只有验证未通过时才占用空间
	ErrorMessage	请输入身份证号！	验证未通过时在"汇总验证"控件中显示的错误信息
	SetFocusOnError	True	验证未通过时将焦点定位到"身份证号"文本框
	Text	*	验证未通过时提示的错误信息
CustomValidator	ID	csvIdentity	"自定义验证"控件的编程名称
	ControlToValidate	txtIdentity	验证"身份证号"文本框
	Display	Dynamic	只有验证未通过时才占用空间
	ErrorMessage	身份证号错误！	验证未通过时在"汇总验证"控件中显示的错误信息
	SetFocusOnError	True	验证未通过时将焦点定位到"身份证号"文本框
Button	ID	btnSubmit	"确定"按钮的编程名称
	Text	确定	"确定"按钮上显示的文本
Label	ID	lblMsg	显示"验证通过！"信息的 Label 控件的编程名称
	Text	空	初始不显示任何内容

续表

控　　件	属　性　名	属　性　值	说　　　明
ValidationSummary	ID	vsSubmit	"汇总验证"控件的编程名称
	Display	Dynamic	只有验证未通过时才占用空间
	ShowMessageBox	True	以对话框形式显示汇总的验证错误信息
	ShowSummary	False	不在页面上显示汇总的验证错误信息

（4）编写 Register.aspx.cs 中的方法代码。

① 当页面中除"自定义验证"控件 csvIdentity 外的其他验证控件都通过了验证，再单击"确定"按钮时将触发 csvIdentity 的 ServerValidate 事件，执行的方法代码如下：

```
protected void CsvIdentity_ServerValidate(object source,
   ServerValidateEventArgs args)
{
   string cid = args.Value;    //获取输入的身份证号码
   args.IsValid = true;        //初始设置为验证通过
   try
   {
      //获取身份证号中的出生日期并转换为 DateTime 类型
      DateTime.Parse(cid.Substring(6, 4) + "-" + cid.Substring(10, 2) + "-"
         + cid.Substring(12, 2));
   }
   catch
   {
      //若转换出错，则验证未通过
      args.IsValid = false;
   }
}
```

② 当按钮 btnSubmit 被单击后，先触发 csvIdentity 的 ServerValidate 事件，执行 CsvIdentity_ServerValidate()方法代码。然后触发按钮 btnSubmit 的 Click 事件，执行的方法代码如下：

```
protected void BtnSubmit_Click(object sender, EventArgs e)
{
   lblMsg.Text = "";
   if (Page.IsValid)
   {
      lblMsg.Text = "验证通过！";
      //TODO:将注册信息存入数据库
   }
}
```

（5）浏览 Register.aspx 进行测试。

（6）在 CsvIdentity_ServerValidate()方法中的"args.IsValid = true;"语句处设置断点，

按 F5 键启动调试，再通过按 F11 键逐条语句地执行程序，理解程序的执行过程。

2. 设计并实现同一个页面的分组验证功能

（1）设计 Web 窗体。

在 Ex5 文件夹中添加一个 Web 窗体 GroupValidation.aspx，切换到"设计"
视图。如图 5-9 所示，在图 5-8 的基础上，再向相应的单元格中添加一个 Button
控件和一个 Label 控件，在表格下添加一个 ValidationSummary 控件。

图 5-9　分组验证设计界面

（2）设置各控件的属性。

在表 5-1 的基础上，设置"必须输入验证"控件 rfvName 的 ValidationGroup 属性值为
groupName；设置其他验证控件和"确定"按钮的 ValidationGroup 属性值为 groupSubmit；
新添加控件的属性设置如表 5-2 所示。

表 5-2　新添加控件的属性设置表

控　件	属　性　名	属　性　值	说　明
Button	ID	btnValidateName	"用户名是否可用"按钮的编程名称
	Text	用户名是否可用	"用户名是否可用"按钮上显示的文本
	ValidationGroup	groupName	单击按钮时验证 groupName 组
Label	ID	lblName	显示用户名是否可用的 Label 控件的编程名称
	Text	空	初始不显示任何内容
ValidationSummary	ID	vsName	"汇总验证"控件的编程名称
	Display	Dynamic	只有验证未通过时才占用空间
	ShowMessageBox	True	以对话框形式显示汇总的验证错误信息
	ShowSummary	False	不在页面上显示汇总的验证错误信息
	ValidationGroup	groupName	汇总 groupName 组的验证错误信息

（3）编写 GroupValidation.aspx.cs 中的方法代码。

除包含实验步骤 1 中 CsvIdentity_ServerValidate()和 BtnSubmit_Click()方法代码外，再
添加单击按钮 btnValidateName 时触发 Click 事件后执行的 BtnValidateName_Click()方法代
码如下：

```
protected void BtnValidateName_Click(object sender, EventArgs e)
{
  if (txtName.Text == "leaf")  //在实际工程中，应与数据库中的用户名比较
```

```
    {
      lblName.Text = "抱歉！该用户名已被占用！";
    }
    else
    {
      lblName.Text = "恭喜！该用户名可用！";
    }
  }
```

（4）浏览 GroupValidation.aspx 进行测试。

四、实验拓展

扩展带验证控件的用户注册页面。要求如下：

（1）"生日"的输入值必须在 1900-1-1 到当前日期之间。

（2）"电话号码"的输入格式可以是"（0571）88642578""021-45346785""（021）45346785""0955-3452679"和"（0955）3452679"等形式。

（3）增加对身份证号中省份和最后一位校验码的验证功能，并进行程序调试。

HTTP 请求、响应及状态管理

一、实验目的

（1）掌握 HttpRequest 对象的应用。

（2）掌握 HttpResponse 对象的应用。

（3）掌握跨页面提交的应用。

（4）掌握 Cookie、Session、Application 的应用。

二、实验内容及要求

1. 设计并实现一个简易的聊天室

要求如下：

（1）聊天室网站发布到 IIS 7.5 后，从两台联网的计算机分别访问聊天室页面时的浏览效果如图 6-1～图 6-4 所示。

（2）用户名和密码信息存储在二维数组中。

（3）聊天信息刷新使用 jQuery Ajax 技术。

（4）必须包含 HttpResponse、Session 和 Application 的应用。

图 6-1　聊天室效果（1）

图 6-2　聊天室效果（2）

图 6-3　聊天室效果（3）

图 6-4　聊天室效果（4）

2. 设计并实现一个简易的购物车

要求如下：

（1）页面浏览效果如图 6-5 所示。

（2）在图 6-5 中选择相应宠物，再单击"放入购物车"按钮，将宠物信息存储在 Session 变量中。

（3）在图 6-5 中，单击"查看购物车"按钮，可看到已选购的宠物（以宠物波斯猫和斑马为例），如图 6-6 所示。

（4）在图 6-6 中单击"清空购物车"按钮，将清除购物车中的宠物信息，并显示"没有选购任何宠物！"的提示信息，如图 6-7 所示。

图 6-5　购物车效果（1）　　图 6-6　购物车效果（2）　　图 6-7　购物车效果（3）

三、实验步骤

1. 设计并实现一个简易的聊天室

（1）新建网站。

在 Experiment 解决方案中新建一个 Ex6ChatSite 网站，再在该网站根文件夹下分别添加 Web 窗体 ChatLogin.aspx、Chat.aspx 和 Ajax.aspx 以及全局应用程序类文件 Global.asax。其中，ChatLogin.aspx 用于用户登录；Chat.aspx 用于显示和发送聊天信息；Ajax.aspx 用于发送异步请求，实现 Chat.aspx 页面的局部刷新；Global.asax 用于存储 Application_Start() 方法代码。

（2）参考实验 5 在 Ex6ChatSite 网站中安装并配置 jQuery。

（3）设计 ChatLogin.aspx。

① 如图 6-8 所示，在"设计"视图中添加一个用于布局的表格。在相应的单元格中输入"我的聊天室""用户名：""密码："，添加两个 TextBox 控件、两个 RequiredFieldValidator 控件和一个 Button 控件。适当调整各单元格的大小。通过 style 属性设置相应单元格的文本对齐方式。

图 6-8　聊天室登录设计界面

② 如表 6-1 所示，设置 ChatLogin.aspx 中各控件的属性。

表 6-1　各控件的属性设置表

控　件	属　性　名	属　性　值	说　　明
TextBox	ID	txtName	"用户名"文本框的编程名称
RequiredFieldValidator	ID	rfvName	"必须输入验证"控件的编程名称
	ControlToValidate	txtName	验证"用户名"文本框
	Text	*	验证未通过时提示的错误信息
TextBox	ID	txtPassword	"密码"文本框的编程名称
	TextMode	Password	设置"密码"文本框为密码模式
RequiredFieldValidator	ID	rfvPassword	"必须输入验证"控件的编程名称
	ControlToValidate	txtPassword	验证"密码"文本框
	Text	*	验证未通过时提示的错误信息
Button	ID	btnLogin	"登录"按钮的编程名称
	Text	登录	"登录"按钮上显示的文本

（4）编写 ChatLogin.aspx.cs 中的方法代码。

① 在所有方法代码外声明一个存放所有用户名和密码的数组。代码如下：

```
//user 数组存放所有的用户名和密码。在实际工程中，数据应来源于数据库
string[,] user = { { "张三", "111111" }, { "王五", "111111" }, { "李四",
    "111111" } };
```

② 当 Web 窗体载入时，触发 Page.Load 事件，执行的方法代码如下：

```
protected void Page_Load(object sender, EventArgs e)
{
    txtName.Focus();   //焦点定位在"用户名"文本框
}
```

③ 按钮 btnLogin 被单击后，触发 Click 事件，执行的方法代码如下：

```
protected void BtnLogin_Click(object sender, EventArgs e)
{
    //在 user 数组中循环查找能匹配的用户名和密码
    for (int i = 0; i <= 2; i++)
    {
        if (txtName.Text == user[i, 0] && txtPassword.Text == user[i, 1])
                                                                //匹配成功
        {
            Session["user"] = user[i, 0];        //将用户名存入 Session 变量 user
            Response.Redirect("Chat.aspx");      //将页面重定向到聊天页
        }
    }
    //在 user 数组中找不到匹配的用户，输出"用户名或密码错误！"提示信息
    Response.Write("<script type='text/javascript'>alert('用户名或密码错误!');
    </script>");
}
```

（5）编写 Global.asax 中的方法代码。

参考实验 5 实验步骤 1（1）在 Application_Start()方法中配置 jQuery，之后再在该方法中添加代码如下：

```
//初始化用于存储聊天信息的 Application 变量 message
Application["message"] = "<hr />";
```

（6）建立 Ajax.aspx。

在 Ajax.aspx 的"源"视图中，保留@ Page 指令行，删除其他的 XHTML5 元素，操作完成后的 Ajax.aspx 源代码如下：

```
<%@ Page Language="C#" AutoEventWireup="true" CodeFile="Ajax.aspx.cs"
Inherits="Ajax" %>
```

（7）编写 Ajax.aspx.cs 中的方法代码。

当 Web 窗体载入时，触发 Page.Load 事件，执行的方法代码如下：

```
protected void Page_Load(object sender, EventArgs e)
{
  //输出 Application 变量 message 值,该值将传递给 Chap.aspx 中的 text 变量
  Response.Write(Application["message"].ToString());
}
```

（8）设计 Chat.aspx。

① 在"源"视图中，将光标定位在系统默认添加的<form…>
和<div>两个标记之间，添加一个 div 层，设置其 id 属性值为
divMsg；再在系统默认添加的 div 层中添加 Label 控件、TextBox
控件和 Button 控件各一个。最终的设计界面如图 6-9 所示。

② 如表 6-2 所示，设置 Chat.aspx 中各控件的属性。

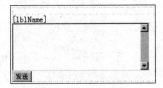

图 6-9　聊天室设计界面

表 6-2　各控件的属性设置表

控　件	属 性 名	属 性 值	说　　明
Label	ID	lblName	显示发言人信息的 Label 控件的编程名称
TextBox	ID	txtMessage	"聊天消息"文本框的编程名称
	TextMode	MultiLine	设置"聊天消息"文本框为多行模式
Button	ID	btnSend	"发送"按钮的编程名称
	Text	发送	"发送"按钮上显示的文本

③ 在 Chat.aspx 的<head>和</head>两标记之间，</title>标记的下面，输入用于局部刷
新 div 层 divMsg 的代码如下：

```
<script src="Scripts/jquery-3.2.1.min.js"></script>
<%-- refresh()函数以 500 毫秒为间隔,连续地局部刷新 div 层 divMsg。其中$.ajax()调
   用 jQuery 提供的 ajax()方法,用于执行异步请求 --%>
<script type="text/javascript">
  function refresh() {
    $.ajax({
      url: "Ajax.aspx",    //发送异步请求的页面地址
      cache: false,         //不缓存异步请求的页面
      success: function (text) {
        //设置 div 层 divMsg 的 innerHTML 属性,其中 text 为异步请求页面返回的数据
        document.getElementById("divMsg").innerHTML = text;
      }, //异步请求成功时执行的函数
      error: function (jqXHR, textStatus, errorThrown) {
        alert("网络连接有问题,请重试! ");
      } //异步请求失败时执行的函数
    });
    setTimeout("refresh()", 500); //过 500 毫秒后重复调用自定义的 refresh()函数
  }
</script>
```

④ 页面载入时，触发<body>元素的 load 事件，调用自定义的 JavaScript 函数 refresh()，
此时，需要设置<body>元素的 onload 属性值为 refresh()。代码如下：

```
<body onload="refresh()">
```

（9）编写 Chat.aspx.cs 中的方法代码。

① 当 Web 窗体载入时，触发 Page.Load 事件，执行的方法代码如下：

```
protected void Page_Load(object sender, EventArgs e)
{
  lblName.Text = "发言人: " + Session["user"];
  if (!IsPostBack)
  {
    Application["message"] = Session["user"] + "进入聊天室<br />"
      + Application["message"];
  }
}
```

② 按钮 btnSend 被单击后，触发 Click 事件，执行的方法代码如下：

```
protected void BtnSend_Click(object sender, EventArgs e)
{
  Application.Lock();
  Application["message"] = Session["user"] + "说: " + txtMessage.Text
    + " ("+ DateTime.Now.ToString() + ") <br />" + Application["message"];
  Application.UnLock();
  txtMessage.Text = "";
}
```

（10）右击 Ex6ChatSite 网站，选择"设为启动项目"命令将 Ex6ChatSite 网站设置为启动项目。在 ChatLogin.aspx.cs 文件中的"if (txtName.Text == user[i, 0] && txtPassword.Text == user[i, 1])"语句处设置断点，按 F5 键启动调试，再通过按 F11 键逐条语句地执行程序，理解程序的执行过程。

（11）参考实验 1 实验步骤 8 和 9（或 10）发布 Ex6ChatSite 网站到 IIS 7.5。

（12）使用联网的两台计算机（或使用在一台计算机中同时运行的一台主机和一台虚拟机，或使用同一台计算机中的不同浏览器），分别从浏览 IIS 7.5 中的 ChatLogin.aspx 开始对聊天室网站进行测试。

2. 设计并实现一个简易的购物车

（1）新建网站。

在 Experiment 解决方案中新建一个 Ex6CartSite 网站，再在该网站根文件夹下分别添加 Web 窗体 Default.aspx 和 ViewCart.aspx。其中 Default.aspx 用于选择宠物并放入到购物车中；ViewCart.aspx 用于查看购物车中宠物信息、清空购物车和返回 Default.aspx。

（2）设计 Default.aspx。

① 如图 6-10 所示，在"设计"视图中添加一个 CheckBoxList 控件和两个 Button 控件。

② 如表 6-3 所示，设置 Default.aspx 中各控件的属性。其中复选框列表控件中的列表项请参考图 6-10 设置。

```
┌─────────────────────┐
│ □盲鱼              │
│ □波斯猫            │
│ □斑马              │
│ □千里马            │
│ □绵羊              │
│ ┌─────────┬──────────┐ │
│ │放入购物车│查看购物车 │ │
│ └─────────┴──────────┘ │
└─────────────────────┘
```

图 6-10　简易购物车设计界面

表 6-3 各控件的属性设置表

控 件	属 性 名	属 性 值	说 明
CheckBoxList	ID	chklsPet	复选框列表控件的编程名称
Button	ID	btnBuy	"放入购物车"按钮的编程名称
	Text	放入购物车	"放入购物车"按钮上显示的文本
Button	ID	btnView	"查看购物车"按钮的编程名称
	Text	查看购物车	"查看购物车"按钮上显示的文本

（3）编写 Default.aspx.cs 中的方法代码。

① 按钮 btnBuy 被单击后，触发 Click 事件，执行的方法代码如下：

```
protected void BtnBuy_Click(object sender, EventArgs e)
{
  //循环查找选中的宠物
  for (int i = 0; i < chklsPet.Items.Count; i++)
  {
    if (chklsPet.Items[i].Selected)
    {
      //将宠物名和英文逗号连接到 Session 变量 cart 中，其中英文逗号用于分隔不同的宠物名
      Session["cart"] += chklsPet.Items[i].Text + ",";
    }
  }
}
```

② 按钮 btnView 被单击后，触发 Click 事件，执行的方法代码如下：

```
protected void BtnView_Click(object sender, EventArgs e)
{
  Response.Redirect("ViewCart.aspx");
}
```

（4）设计 ViewCart.aspx。

① 如图 6-11 所示，在"设计"视图中添加一个 Label
控件、一个 CheckBoxList 控件和两个 Button 控件。

图 6-11　ViewCart.aspx 设计界面

② 如表 6-4 所示，设置 ViewCart.aspx 中各控件的属性。

表 6-4 各控件的属性设置表

控 件	属性名	属 性 值	说 明
Label	ID	lblMsg	显示购物车中是否包含宠物的 Label 控件的编程名称
	Text	空	初始不显示任何内容
CheckBoxList	ID	chklsPet	复选框列表控件的编程名称
Button	ID	btnClear	"清空购物车"按钮的编程名称
	Text	清空购物车	"清空购物车"按钮上显示的文本
Button	ID	btnContinue	"继续购物"按钮的编程名称
	Text	继续购物	"继续购物"按钮上显示的文本

（5）编写 ViewCart.aspx.cs 中的方法代码。

① 当 Web 窗体载入时，触发 Page.Load 事件，执行的方法代码如下：

```
protected void Page_Load(object sender, EventArgs e)
{
  if (!IsPostBack)
  {
    if (Session["cart"] == null)          //没有选购任何宠物
    {
      lblMsg.Text = "没有选购任何宠物！";
      btnClear.Enabled = false;
    }
    else                                  //已选购宠物
    {
      string strPets = Session["cart"].ToString();
      //数组列表 pets 用于存储每个宠物名
      System.Collections.ArrayList pets = new System.Collections.ArrayList();
      //取得第一个英文逗号的位置
      int iPosition = strPets.IndexOf(",");
      //当 strPets 中还包含宠物名时，执行循环体
      while (iPosition != -1)
      {
        string strPet = strPets.Substring(0, iPosition);
        if (strPet != "")
        {
          pets.Add(strPet);
          strPets = strPets.Substring(iPosition + 1);
          iPosition = strPets.IndexOf(",");
        }
      }
      lblMsg.Text = "购物车中现有宠物：";
      chklsPet.DataSource = pets;           //设置 chklsPet 的数据源
      chklsPet.DataBind();                  //显示数据
    }
  }
}
```

② 按钮 btnClear 被单击后，触发 Click 事件，执行的方法代码如下：

```
protected void BtnClear_Click(object sender, EventArgs e)
{
  Session.Remove("cart");                 //清空 Session 变量 cart
  lblMsg.Text = "没有选购任何宠物！";
  chklsPet.Visible = false;
  btnClear.Enabled = false;
}
```

③ 按钮 btnContinue 被单击后，触发 Click 事件，执行的方法代码如下：

```
protected void BtnContinue_Click(object sender, EventArgs e)
{
  Response.Redirect("Default.aspx");
}
```

（6）从浏览 Default.aspx 开始对购物车网站进行测试。

（7）右击 Ex6CartSite 网站，选择"设为启动项目"命令将 Ex6CartSite 网站设置为启动项目。在 ViewCart.aspx.cs 文件中的"int iPosition = strPets.IndexOf(",");"语句处设置断点，选择 Default.aspx，按 F5 键启动调试，再通过按 F11 键逐条语句地执行程序，观察 pets、strPets、iPosition 和 cart 等变量值的变化情况，理解程序的执行过程。

四、实验拓展

（1）在同一台计算机上使用同一浏览器开启两个窗口，分别通过不同用户登录聊天室网站进行聊天测试，通过程序调试分析出现问题的原因。

（2）扩充聊天室功能。

要求如下：

① 修改 ChatLogin.aspx，将用户登录成功后的用户名和登录次数等信息写入 Cookie。

② 修改 Chap.aspx，增加显示"×××，您是第×次光临聊天室！"、聊天信息来源的 IP 地址、聊天室总访问人数、当前在线人数、当前在线用户列表等信息。

③ 进行程序调试。

（3）配置购物车网站，将 Session 状态以 StateServer 方式保存，并体会这种方式的优点。

（4）改写购物车网站，当单击"查看购物车"按钮时，在 ViewCart.aspx 中利用 HttpRequest 对象获取选中的宠物信息（在实际工程中，一般不用这种方法传递购物车中的数据，这里是为了学习 HttpRequest 对象的应用）。

（5）改写购物车网站，当单击"查看购物车"按钮时，在 ViewCart.aspx 中利用"跨页面提交"技术获取选中的宠物信息（在实际工程中，一般不用这种方法传递购物车中的数据，这里是为了学习"跨页面提交"的应用）。

数据访问

一、实验目的

（1）掌握在 VSC 2017 中建立、连接和管理数据库的方法。

（2）了解数据源控件的使用。

（3）熟练掌握 LINQ 表达式的使用。

（4）熟练掌握利用 LINQ to SQL 和 LINQ to XML 进行数据访问管理的方法。

二、实验内容及要求

1. 利用 LINQ to SQL 进行数据管理

要求如下：

（1）参考主教材 15.2 节中购物车、商品分类、用户、订单、订单详细信息、商品、供应商等数据表的设计及各字段含义，建立 MyPetShop 数据库。

（2）建立数据管理的导航页面，浏览效果如图 7-1 所示。

（3）在图 7-1 中，单击"显示全部"按钮时，显示 MyPetShop 数据库中 Category 表的所有内容，如图 7-2 所示。

图 7-1 "导航页面"浏览效果　　　　　图 7-2 "显示全部"浏览效果

（4）在图 7-1 中，单击"模糊查找"按钮呈现如图 7-3 所示的界面。在图 7-3 中，输入要查找的内容，单击"搜索"按钮，当未找到满足条件的数据时显示"没有满足条件的数据！"，如图 7-4 所示；否则以 GridView 形式显示数据，如图 7-5 所示。

图 7-3 "模糊查找"效果（1）　　　　　图 7-4 "模糊查找"效果（2）

（5）在图 7-1 中，单击"插入"按钮呈现如图 7-6 所示的界面。在图 7-6 中，输入"分类名"和"描述"，再单击图 7-6 中的"插入"按钮后，将向 Category 表添加一条记录，其中新增记录中的 CategoryId 值会自动递增。单击"返回"按钮将返回到数据管理的导航页面。

（6）在图 7-1 中，输入"分类 Id"（以值 7 为例），再单击"修改"按钮呈现如图 7-7 所示的界面。此时，可修改"分类名"和"描述"，但不能修改"分类 Id"。修改完成后单击图 7-7 中的"修改"按钮将修改 Category 表中对应的数据。单击"返回"按钮将返回到数据管理的导航页面。

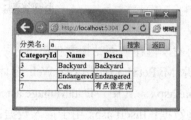  

图 7-5 "模糊查找"效果（3）　　图 7-6 "插入分类数据"效果　　图 7-7 "修改分类数据"效果

（7）在图 7-1 中，输入"分类 Id"，再单击"删除"按钮将删除"分类 Id"值指定的记录。

2. 利用 LINQ 技术将 Category 表转换成 XML 文档 Category.xml

要求转换后的 Category.xml 结构如图 7-8 所示。

3. 利用 LINQ to XML 管理 XML 文档

要求如下：

（1）建立 Category.xml 数据管理的导航页面，浏览效果如图 7-9 所示。

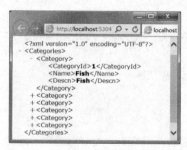 

图 7-8　Category.xml 浏览效果　　图 7-9 "XML 数据管理导航页"浏览效果

（2）单击"显示全部"按钮，将新开一个浏览器窗口或选项卡显示 Category.xml 文件内容。

（3）如图 7-10 和图 7-11 所示，输入"分类名"，单击"查询"按钮，当未找到满足条件的数据时显示"没有满足条件的数据！"，否则以 Label 控件形式显示满足条件的数据。

（4）在图 7-9 中，单击"插入"按钮呈现如图 7-12 所示的界面。在图 7-12 中，输入"分类 Id""分类名"和"描述"，再单击图 7-12 中的"插入"按钮，将向 Category.xml 中添加相应的元素。

图 7-10 "查询"效果（1）　　图 7-11 "查询"效果（2）　　图 7-12 XML 元素插入

三、实验步骤

1. 利用 LINQ to SQL 进行数据管理

（1）新建网站。

在 Experiment 解决方案中新建一个 Ex7LinqSqlSite 网站，再在该网站根文件夹下分别添加 ASP.NET 文件夹 App_Code 和 App_Data、文本文件 MyPetShop.sql 以及 Web 窗体 DataManage.aspx、FuzzyQuery.aspx、Insert.aspx 和 Update.aspx。其中，DataManage.aspx 作为数据管理的导航页面；FuzzyQuery.aspx 用于模糊查询数据；Insert.aspx 用于插入数据；Update.aspx 用于修改数据。

（2）建立 MyPetShop 数据库。

① 在 MyPetShop.sql 中输入 SQL 代码如下：

```
USE master;
GO
/*建立空的 MyPetShop 数据库*/
/*请根据实际环境更改数据库文件和日志文件的存放路径*/
CREATE DATABASE MyPetShop
ON
( NAME = MyPetShop,
  FILENAME = 'D:\ASPNET\Experiment\Ex7LinqSqlSite\App_Data\MyPetShop.mdf',
  SIZE = 5MB,
  MAXSIZE = 50MB,
  FILEGROWTH = 1MB )
LOG ON
( NAME = MyPetShop_log,
  FILENAME = 'D:\ASPNET\Experiment\Ex7LinqSqlSite\App_Data\MyPetShop_log.ldf',
  SIZE = 3MB,
  MAXSIZE = 25MB,
  FILEGROWTH = 1MB )
COLLATE Chinese_PRC_CS_AS;
GO
USE MyPetShop
/*分别建立 Category、Customer、Order、OrderItem、Supplier、Product、CartItem
  等数据表的结构*/
CREATE TABLE [Category] ([CategoryId] int identity PRIMARY KEY,
 [Name] nvarchar(80) NULL, [Descn] nvarchar(255) NULL)
CREATE TABLE [Customer]([CustomerId] int identity PRIMARY KEY,
```

```
[Name] [nvarchar](80) NOT NULL, [Password] [nvarchar](80) NOT NULL,
[Email] [nvarchar](80) NOT NULL)
CREATE TABLE [Order] ([OrderId] int identity PRIMARY KEY,
[CustomerId] int NOT NULL REFERENCES [Customer]([CustomerId]),
[UserName] nvarchar(80) NOT NULL, [OrderDate] datetime NOT NULL,
[Addr1] nvarchar(80) NULL, [Addr2] nvarchar(80) NULL,
[City] nvarchar(80) NULL,[State] nvarchar(80) NULL,
[Zip] nvarchar(6) NULL, [Phone] nvarchar(40) NULL,
[Status] nvarchar(10) NULL)
CREATE TABLE [OrderItem]([ItemId] int identity PRIMARY KEY,
[OrderId] int NOT NULL REFERENCES [Order]([OrderId]),
[ProName] nvarchar(80), [ListPrice] decimal(10, 2) NULL,
[Qty] int NOT NULL, [TotalPrice] decimal(10, 2) NULL)
CREATE TABLE [Supplier] ([SuppId] int identity PRIMARY KEY,
[Name] nvarchar(80) NULL, [Addr1] nvarchar(80) NULL,
[Addr2] nvarchar(80) NULL, [City] nvarchar(80) NULL,
[State] nvarchar(80) NULL, [Zip] nvarchar(6) NULL,
[Phone] nvarchar(40) NULL)
CREATE TABLE [Product] ([ProductId] int identity PRIMARY KEY,
[CategoryId] int NOT NULL REFERENCES [Category]([CategoryId]),
[ListPrice] decimal(10, 2) NULL, [UnitCost] decimal(10, 2) NULL,
[SuppId] int NULL REFERENCES [Supplier]([SuppId]),
[Name] nvarchar(80) NULL, [Descn] nvarchar(255) NULL,
[Image] nvarchar(80) NULL, [Qty] int NOT NULL)
CREATE TABLE [CartItem]([CartItemId] int identity PRIMARY KEY,
[CustomerId]  int NOT NULL REFERENCES [Customer]([CustomerId]),
[ProId] int NOT NULL REFERENCES [Product]([ProductId]),
[ProName] [nvarchar](80) NOT NULL, [ListPrice] [decimal](10, 2) NOT NULL,
[Qty] [int] NOT NULL)
/*在 Category 表中插入示例数据*/
INSERT INTO [Category] VALUES ('Fish', 'Fish')
INSERT INTO [Category] VALUES ('Bugs', 'Bugs')
INSERT INTO [Category] VALUES ('Backyard', 'Backyard')
INSERT INTO [Category] VALUES ('Birds', 'Birds')
INSERT INTO [Category] VALUES ('Endangered', 'Endangered')
/*在 Customer 表中插入示例数据，为了能测试实验 9 中的用户密码重置功能，请将管理员 admin
  和一般用户 jack 的邮箱替换成自己能访问的邮箱*/
INSERT [Customer] ([Name], [Password], [Email]) VALUES ('admin', '123',
'admin@qq.com')
INSERT [Customer] ([Name], [Password], [Email]) VALUES ('jack', '123',
'jack@qq.com')
/*在 Supplier 表中插入示例数据*/
INSERT INTO [Supplier] VALUES ('XYZ Pets', '600 Avon Way', '', 'Los Angeles',
'CA', '94024', '212-947-0797')
INSERT INTO [Supplier] VALUES ('ABC Pets', '700 Abalone Way', '', 'San
```

```
Francisco', 'CA', '94024', '415-947-0797')
/*在 Product 表中插入示例数据*/
INSERT INTO [Product] VALUES (1, 12.1, 11.4, 1, 'Meno', 'Meno',
'～/Prod_Images/Fish/meno.gif', 100)
INSERT INTO [Product] VALUES (1, 28.5, 25.5, 1, 'Eucalyptus', 'Eucalyptus',
'～/Prod_Images/Fish/eucalyptus.gif', 100)
INSERT INTO [Product] VALUES (2, 23.4, 11.4, 1, 'Ant', 'Ant',
'～/Prod_Images/Bugs/ant.gif', 100)
INSERT INTO [Product] VALUES (2, 24.7, 22.2, 1, 'Butterfly', 'Butterfly',
'～/Prod_Images/Bugs/butterfly.gif', 100)
INSERT INTO [Product] VALUES (3, 38.5, 37.2, 1, 'Cat', 'Cat',
'～/Prod_Images/Backyard/cat.gif', 100)
INSERT INTO [Product] VALUES (3, 40.4, 38.7, 1, 'Zebra', 'Zebra',
'～/Prod_Images/Backyard/zebra.gif', 100)
INSERT INTO [Product] VALUES (4, 45.5, 44.2, 1, 'Domestic', 'Domestic',
'～/Prod_Images/Birds/domestic.gif', 100)
INSERT INTO [Product] VALUES (4, 25.2, 23.5, 1, 'Flowerloving',
'Flowerloving', '～/Prod_Images/Birds/flowerloving.gif', 100)
INSERT INTO [Product] VALUES (5, 47.7, 45.5, 1, 'Panda', 'Panda',
'～/Prod_Images/Endangered/panda.gif', 100)
INSERT INTO [Product] VALUES (5, 35.5, 33.5, 1, 'Pointy', 'Pointy',
'～/Prod_Images/Endangered/pointy.gif', 100)
```

② 单击 SQL 工具栏中的回按钮，在呈现的对话框中选择本地服务器 MSSQLLocalDB，再单击"连接"按钮连接到 LocalDB 数据库服务器。

③ 单击 SQL 工具栏中的▶按钮执行 SQL 语句建立 MyPetShop 数据库。

④ 刷新 App_Data 文件夹可看到新建的 MyPetShop 数据库。

（3）建立 MyPetShop.dbml 文件。

① 在 VSC 2017 中检查有无"LINQ to SQL 类"模板，若不存在，则参考主教材 7.1 节，首先在 VSC 2017 中安装"LINQ to SQL 工具"。

② 在 App_Code 文件夹中添加一个 LINQ to SQL 类，命名为 MyPetShop.dbml。

③ 双击 App_Data 文件夹下的 MyPetShop.mdf 文件，呈现"服务器资源管理器"窗口，展开"表"节点，将所有数据表拖动到 MyPetShop.dbml 的对象关系设计器的左窗口中。此时，VSC 2017 会自动创建相关类，并且在 Web.config 文件中会自动添加用于连接 MyPetShop.mdf 数据库的连接字符串。

（4）设计 DataManage.aspx。

① 如图 7-13 所示，在"设计"视图中输入"分类 Id："，添加一个 TextBox 控件、五个 Button 控件和一个 GridView 控件。适当调整各控件的大小。

② 如表 7-1 所示，设置 DataManage.aspx 中各控件的属性。

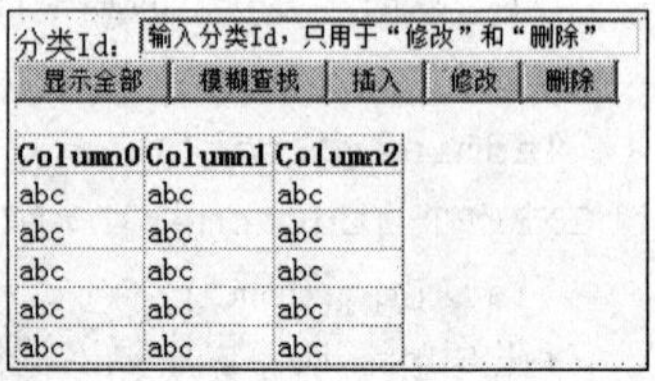

图 7-13　DataManage.aspx 设计界面

表 7-1 各控件的属性设置表

控　　件	属　性　名	属　性　值	说　　明
TextBox	ID	txtCategoryId	"分类 Id" 文本框的编程名称
	Text	输入分类 Id，只用于"修改"和"删除"	"分类 Id" 文本框输入值的提示信息
Button	ID	btnQueryAll	"显示全部" 按钮的编程名称
	Text	显示全部	"显示全部" 按钮上显示的文本
Button	ID	btnFuzzy	"模糊查找" 按钮的编程名称
	Text	模糊查找	"模糊查找" 按钮上显示的文本
Button	ID	btnInsert	"插入" 按钮的编程名称
	Text	插入	"插入" 按钮上显示的文本
Button	ID	btnUpdate	"修改" 按钮的编程名称
	Text	修改	"修改" 按钮上显示的文本
Button	ID	btnDelete	"删除" 按钮的编程名称
	Text	删除	"删除" 按钮上显示的文本
GridView	ID	gvCategory	GridView 控件的编程名称

（5）编写 DataManage.aspx.cs 中的方法代码。

① 在所有方法代码外声明一个 MyPetShopDataContext 类实例，使得该对象可在多个方法中使用。代码如下：

```
MyPetShopDataContext db = new MyPetShopDataContext();
                        //定义 MyPetShopDataContext 类实例 db
```

② 建立自定义方法 Bind()，该方法用于在 gvCategory 中显示 Category 表的最新结果。代码如下：

```
protected void Bind()  //本行应自行输入
{
  var results = from c in db.Category
              select c;
  gvCategory.DataSource = results;
  gvCategory.DataBind();
}
```

③ 按钮 btnQueryAll 被单击后，触发 Click 事件，执行的方法代码如下：

```
protected void BtnQueryAll_Click(object sender, EventArgs e)
{
  Bind();  //调用自定义方法，在 gvCategory 中显示 Category 表的最新结果
}
```

④ 按钮 btnFuzzy 被单击后，触发 Click 事件，执行的方法代码如下：

```
protected void BtnFuzzy_Click(object sender, EventArgs e)
{
```

```
    Response.Redirect("FuzzyQuery.aspx");
}
```

⑤ 按钮 btnInsert 被单击后，触发 Click 事件，执行的方法代码如下：

```
protected void BtnInsert_Click(object sender, EventArgs e)
{
    Response.Redirect("Insert.aspx");
}
```

⑥ 按钮 btnUpdate 被单击后，触发 Click 事件，执行的方法代码如下：

```
protected void BtnUpdate_Click(object sender, EventArgs e)
{
    Response.Redirect("Update.aspx?CategoryId=" + txtCategoryId.Text);
}
```

⑦ 按钮 btnDelete 被单击后，触发 Click 事件，执行的方法代码如下：

```
protected void BtnDelete_Click(object sender, EventArgs e)
{
    var results = from c in db.Category
                  where c.CategoryId == int.Parse(txtCategoryId.Text)
                  select c;
    db.Category.DeleteAllOnSubmit(results);
    db.SubmitChanges();
    Bind();   //调用自定义方法，在 gvCategory 中显示 Category 表的最新结果
}
```

（6）设计 FuzzyQuery.aspx。

① 如图 7-14 所示，在"设计"视图中输入"分类名："，添加一个 TextBox 控件、两个 Button 控件、一个 GridView 控件和一个 Label 控件。

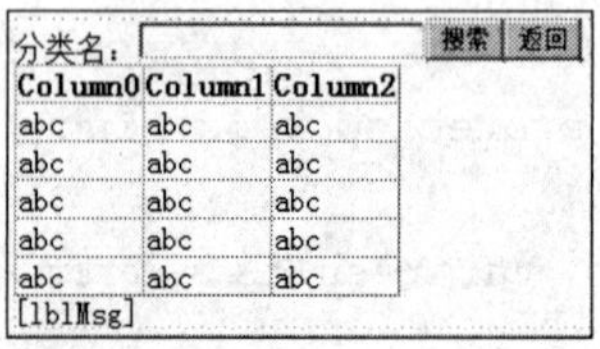

② 如表 7-2 所示，设置 FuzzyQuery.aspx 中各控件的属性。

图 7-14　FuzzyQuery.aspx 设计界面

表 7-2　各控件的属性设置表

控　件	属性名	属　性　值	说　　明
TextBox	ID	txtSearch	"分类名"文本框的编程名称
Button	ID	btnSearch	"搜索"按钮的编程名称
	Text	搜索	"搜索"按钮上显示的文本
Button	ID	btnReturn	"返回"按钮的编程名称
	Text	返回	"返回"按钮上显示的文本
GridView	ID	gvCategory	GridView 控件的编程名称
Label	ID	lblMsg	显示"没有满足条件的数据！"信息的 Label 控件的编程名称

（7）编写 FuzzyQuery.aspx.cs 中的方法代码。

① 按钮 btnSearch 被单击后，触发 Click 事件，执行的方法代码如下：

```
protected void BtnSearch_Click(object sender, EventArgs e)
{
  MyPetShopDataContext db = new MyPetShopDataContext();
  //查找分类名中包含输入内容的分类
  var results = from c in db.Category
                where SqlMethods.Like(c.Name, "%" + txtSearch.Text + "%")
                select c;
  if (results.Count() != 0)  //有满足条件的数据
  {
    gvCategory.DataSource = results;
    gvCategory.DataBind();
  }
  else                       //没有满足条件的数据
  {
    lblMsg.Text = "没有满足条件的数据！";
  }
}
```

② 按钮 btnReturn 被单击后，触发 Click 事件，执行的方法代码如下：

```
protected void BtnReturn_Click(object sender, EventArgs e)
{
  Response.Redirect("DataManage.aspx");
}
```

（8）设计 Insert.aspx。

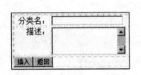

如图 7-15 所示，在"设计"视图中添加一个用于布局的表格。在相应的单元格中输入"分类名："和"描述："，添加两个 TextBox 控件。在表格外添加两个 Button 控件。适当调整各控件的大小。通过 style 属性设置相应单元格的文本对齐方式。分别设置各控件的 ID 属性值为：txtName、txtDescn、btnInsert、

图 7-15　Insert.aspx 设计界面

btnReturn。其他属性参考图 7-15 界面进行设置。

（9）编写 Insert.aspx.cs 中的方法代码。

① 按钮 btnInsert 被单击后，触发 Click 事件，执行的方法代码如下：

```
protected void BtnInsert_Click(object sender, EventArgs e)
{
  MyPetShopDataContext db = new MyPetShopDataContext();
  Category category = new Category();    //建立 Category 实例 category
  category.Name = txtName.Text;
  category.Descn = txtDescn.Text;
  db.Category.InsertOnSubmit(category); //插入实体 category
```

```
    db.SubmitChanges();                              //提交更改
}
```

② 按钮 btnReturn 被单击后，触发 Click 事件，执行的方法代码如下：

```
protected void BtnReturn_Click(object sender, EventArgs e)
{
    Response.Redirect("DataManage.aspx");
}
```

（10）设计 Update.aspx。

如图 7-16 所示，在"设计"视图中添加一个用于布局的表格。在相应的单元格中输入"分类 Id："、"分类名："和"描述："，添加三个 TextBox 控件。在表格外添加两个 Button 控件。适当调整各控件的大小。通过 style 属性设置相应单元格的文本对齐方式。分别设置各控件的 ID 属性值为：txtCategoryId、txtName、txtDescn、btnUpdate、btnReturn。其他属性参考图 7-16 界面进行设置。

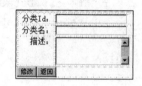

图 7-16　Update.aspx 设计界面

（11）编写 Update.aspx.cs 中的方法代码。

① 在所有方法代码外声明一个 MyPetShopDataContext 类实例，使得该对象可在多个方法中使用。代码如下：

```
MyPetShopDataContext db = new MyPetShopDataContext();
                                //定义 MyPetShopDataContext 类实例 db
```

② 当 Web 窗体载入时，触发 Page.Load 事件，执行的方法代码如下：

```
protected void Page_Load(object sender, EventArgs e)
{
    if (!IsPostBack)
    {
        string categoryId = Request.QueryString["CategoryId"];
        //获取要修改的记录
        var category = (from c in db.Category
                        where c.CategoryId == int.Parse(categoryId)
                        select c).First(); //First()方法返回记录集合中的第一条记录
        txtCategoryId.Text = categoryId;
        txtCategoryId.ReadOnly = true;       //分类 Id 是标识，不能更改
        txtName.Text = category.Name;
        txtDescn.Text = category.Descn;
    }
}
```

③ 按钮 btnUpdate 被单击后，触发 Click 事件，执行的方法代码如下：

```
protected void BtnUpdate_Click(object sender, EventArgs e)
{
```

```
var category = (from c in db.Category
               where c.CategoryId == int.Parse(txtCategoryId.Text)
               select c).First();
category.Name = txtName.Text;
category.Descn = txtDescn.Text;
db.SubmitChanges();      //提交更改
}
```

④ 按钮 btnReturn 被单击后，触发 Click 事件，执行的方法代码如下：

```
protected void BtnReturn_Click(object sender, EventArgs e)
{
  Response.Redirect("DataManage.aspx");
}
```

（12）从浏览 DataManage.aspx 开始对数据管理网站进行测试。

（13）右击 Ex7LinqSqlSite 网站，选择"设为启动项目"命令将 Ex7LinqSqlSite 网站设置为启动项目。在 Update.aspx.cs 文件中的"if (!IsPostBack)"语句处设置断点，选择 DataManage.aspx，按 F5 键启动调试，再通过按 F11 键逐条语句地执行程序，理解程序的执行过程。

2. 利用 LINQ 技术将 Category 表转换成 XML 文档 Category.xml

① 在 Ex7LinqSqlSite 网站根文件夹中添加一个 Web 窗体 TableToXml.aspx，切换到"设计"视图。在空白处双击，编写 Web 窗体载入时触发 Page.Load 事件后执行的方法代码如下：

```
protected void Page_Load(object sender, EventArgs e)
{
  //要建立的 XML 文件路径
  string xmlFilePath = Server.MapPath("~/Category.xml");
  //建立 XDocument 对象 doc
  XDocument doc = new XDocument
    (
      new XDeclaration("1.0", "utf-8", "yes"),
      new XComment("分类"),
      new XElement("Categories")
    );
  doc.Save(xmlFilePath);                       //保存到文件
  XElement els = XElement.Load(xmlFilePath); //创建 XElement 对象
  MyPetShopDataContext db = new MyPetShopDataContext();
  var results = from c in db.Category
               select c;
  foreach (Category category in results)
  {
    //建立 Category 元素以及相应的子元素 CategoryId、Name 和 Descn
    XElement el = new XElement("Category",
```

```
    new XElement("CategoryId", category.CategoryId),
    new XElement("Name", category.Name),
    new XElement("Descn", category.Descn));
  els.Add(el);                              //添加到 XElement 对象中
}
els.Save(xmlFilePath);                      //保存 XElement 对象
Response.Redirect("~/Category.xml");   //重定向方式查看 Category.xml 文件内容
}
```

② 浏览 TableToXml.aspx 查看效果。

③ 在 Page_Load()方法中的"doc.Save(xmlFilePath);"语句处设置断点，按 F5 键启动调试，再通过按 F11 键逐条语句地执行程序，理解程序的执行过程。

3. 利用 LINQ to XML 管理 XML 文档

（1）新建网站。

在 Experiment 解决方案中新建一个 Ex7LinqXmlSite 网站，再在该网站根文件夹下分别添加 Web 窗体 LinqXml.aspx 和 LinqXmlInsert.aspx。其中，LinqXml.aspx 作为数据管理的导航页面；LinqXmlInsert.aspx 用于插入元素。

（2）设计 LinqXml.aspx。

如图 7-17 所示，在"设计"视图中输入"分类名："，添加一个 TextBox 控件、三个 Button 控件和一个 Label 控件。分别设置各控件的 ID 属性值为：txtName、btnQueryAll、btnQuery、btnInsert 和 lblMsg。其他属性参考图 7-17 所示界面进行设置。

（3）编写 LinqXml.aspx.cs 中的方法代码。

图 7-17　LinqXml.aspx 设计界面

① 按钮 btnQueryAll 被单击后，触发 Click 事件，执行的方法代码如下：

```
protected void BtnQueryAll_Click(object sender, EventArgs e)
{
  //输出 JavaScript 代码打开新窗口显示 Category.xml
  Response.Write("<script>window.open('Category.xml','_blank')</script>");
}
```

② 按钮 btnQuery 被单击后，触发 Click 事件，执行的方法代码如下：

```
protected void BtnQuery_Click(object sender, EventArgs e)
{
  //从 Category.xml 载入 XML 元素
  string xmlFilePath = Server.MapPath("~/Category.xml");
  XElement els = XElement.Load(xmlFilePath);
  //查询元素
  var elements = from el in els.Elements("Category")
                 where (string)el.Element("Name") == txtName.Text
                 select el;
  if (elements.Count() == 0) //没有满足条件的元素
  {
```

```
    lblMsg.Text = "没有满足条件的数据！";
  }
  else                              //有满足条件的元素
  {
    foreach (XElement el in elements)
    {
      lblMsg.Text = "CategoryId: " + el.Element("CategoryId").Value + "<br />"
        + "Name: " + el.Element("Name").Value + "<br />" + "Descn: "
        + el.Element("Descn").Value;
    }
  }
}
```

③ 按钮 btnInsert 被单击后，触发 Click 事件，执行的方法代码如下：

```
protected void BtnInsert_Click(object sender, EventArgs e)
{
  Response.Redirect("LinqXmlInsert.aspx");
}
```

（4）设计 LinqXmlInsert.aspx。

如图 7-18 所示，在"设计"视图中添加一个用于布局的表格。在相应的单元格中输入"分类 Id:""分类名:"和"描述:"，添加三个 TextBox 控件。在表格外添加两个 Button 控件。分别设置各控件的 ID 属性值为：

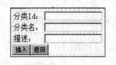

图 7-18 LinqXmlInsert.aspx 设计界面

txtCategoryId、txtName、txtDescn、btnInsert 和 btnReturn。其他属性参考图 7-18 所示界面进行设置。

（5）编写 LinqXmlInsert.aspx.cs 中的方法代码。

① 按钮 btnInsert 被单击后，触发 Click 事件，执行的方法代码如下：

```
protected void BtnInsert_Click(object sender, EventArgs e)
{
  string xmlFilePath = Server.MapPath("~/Category.xml");
  XElement els = XElement.Load(xmlFilePath);
  //新建<Category>元素
  XElement el = new XElement("Category",
    new XElement("CategoryId", txtCategoryId.Text),
    new XElement("Name", txtName.Text),
    new XElement("Descn", txtDescn.Text));
  els.Add(el);                          //添加<Category>元素
  els.Save(xmlFilePath);                //保存到 Category.xml 文件
}
```

② 按钮 btnReturn 被单击后，触发 Click 事件，执行的方法代码如下：

```
protected void BtnReturn_Click(object sender, EventArgs e)
```

```
{
    Response.Redirect("LinqXml.aspx");
}
```

（6）从浏览 LinqXml.aspx 开始对数据管理网站进行测试。

（7）右击 Ex7LinqXmlSite 网站，选择"设为启动项目"命令将 Ex7LinqXmlSite 网站设置为启动项目。在 LinqXml.aspx.cs 文件中的"if (elements.Count() == 0)"语句处设置断点，按 F5 键启动调试，再通过按 F11 键逐条语句地执行程序，理解程序的执行过程。

四、实验拓展

（1）扩展 LINQ to SQL 进行数据管理的功能，要求利用 LINQ to SQL 查询商品名称中有字符 c 且价格在 30 元以上的商品，并进行程序调试。

（2）扩展 LINQ to SQL 进行数据管理的功能，要求利用 LINQ to SQL 添加、删除、修改商品，并进行程序调试。

（3）查找资料，利用 LINQ 的"标准查询运算符"方法实现第（1）和（2）题的功能，并进行程序调试。

（4）利用 LINQ 技术将 Product 表转换为 XML 文档。

（5）扩展 LINQ to XML 管理 XML 文档的页面，要求增加根据文本框中输入值删除和修改 XML 元素的功能，并进行程序调试。

（6）配置 Ex7LinqSqlSite 网站，要求如下：

① 以 SQL Server 用户访问 SQL Express 数据库实例的方式访问 MyPetShop.mdf 数据库。

② 发布该网站到 IIS 7.5，并能正常运行。

数据绑定

一、实验目的

（1）掌握 ListControl 类控件与数据源的绑定方法。

（2）熟练掌握 GridView 控件的应用。

（3）掌握 DetailsView 控件的应用。

二、实验内容及要求

1. 设计并实现一个商品展示页

要求如下：

（1）浏览效果如图 8-1 所示。

（2）在图 8-1 中，当选择不同的分类名时，显示该分类中包含的商品信息。若分类中包含多个商品，则分页显示商品信息。

（3）在图 8-1 中，当单击"购买"链接时将页面重定向到购物车页。

图 8-1 "商品展示页"浏览效果

2. 利用 DetailsView 控件实现数据插入、编辑和删除等操作

要求如下：

（1）数据使用 Product 表。

（2）浏览效果如图 8-2 所示。

（3）如图 8-3 和图 8-4 所示，在插入和编辑数据时涉及的外键数据以下拉列表框形式进行选择输入。

图 8-2 "数据浏览"效果　　　　图 8-3 "数据插入"效果　　　　图 8-4 "数据编辑"效果

三、实验步骤

1. 设计并实现一个商品展示页

（1）新建网站。

在 Experiment 解决方案中新建一个 Ex8Site 网站，再在该网站根文件夹下分别添加 ASP.NET 文件夹 App_Code 和 App_Data 以及 Web 窗体 ProShow.aspx 和 ShopCart.aspx。其中，ProShow.aspx 作为商品展示页；ShopCart.aspx 作为购物车页（将在实验 9 中实现）。

（2）复制相关文件。

① 将主教材源程序包内的 MyPetShop 应用程序中的 Prod_Images 文件夹复制到 Ex8Site 网站的根文件夹，该文件夹包含了宠物商品的图片文件。

② 将 Ex7LinqSqlSite 网站根文件夹下 App_Data 文件夹中的 MyPetShop 数据库文件复制到 Ex8Site 网站中的 App_Data 文件夹，或者，先将 Ex7LinqSqlSite 网站根文件夹下的 MyPetShop.sql 脚本文件复制到 Ex8Site 网站根文件夹，再修改脚本文件中存储 MyPetShop 数据库文件的路径后，通过执行 SQL 语句在 Ex8Site 网站的 App_Data 文件夹中建立 MyPetShop 数据库。

（3）在 App_Code 文件夹中建立 MyPetShop.dbml 文件。

（4）设计 ProShow.aspx。

① 如图 8-5 所示，在"设计"视图中输入"分类名："，添加 DropDownList 和 GridView 控件各一个。适当调整各控件的大小。

② 如表 8-1 所示，设置 ProShow.aspx 中各控件的属性。

图 8-5　ProShow.aspx 设计界面

表 8-1　各控件的属性设置表

控　件	属　性　名	属　性　值	说　　明
DropDownList	ID	ddlCategory	"分类名"下拉列表框的编程名称
	AutoPostBack	True	当改变当前列表项内容后，自动触发页面往返
	DataTextField	Name	在下拉列表框中显示 Name 字段值
	DataValueField	CategoryId	列表项的值为 CategoryId 字段值
GridView	ID	gvProduct	GridView 控件的编程名称
	AllowPaging	True	允许分页
	AutoGenerateColumns	False	不自动生成列
	PageSize	1	每页显示 1 行

③ 分别设置 gvProduct 控件的 PagerSettings 属性集合中的属性值为：FirstPageText="首页"、LastPageText="尾页"、Mode="NextPrevious"、NextPageText="下一页"、Position="TopAndBottom"、PreviousPageText="上一页"。

④ 如图 8-6 所示，在 gvProduct 控件的 Columns 属性设置对话框中添加一个 TemplateField 字段和一个 HyperLinkField 字段。

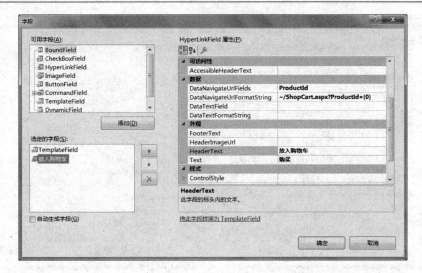

图 8-6 gvProduct 控件的 Columns 属性设置对话框

⑤ 单击 gvProduct 控件的智能标志，选择"编辑模板"命令，如图 8-7 所示，向 ItemTemplate 模板中添加一个用于布局的 4 行 3 列表格，合并相应的单元格；向相应的单元格中输入"商品名称:""商品价格:""商品描述:"和"库存:"，添加一个 Image 控件和四个 Label 控件；分别设置各控件的 ID 属性值为：imgProduct、

图 8-7 gvProduct 控件的模板设计界面

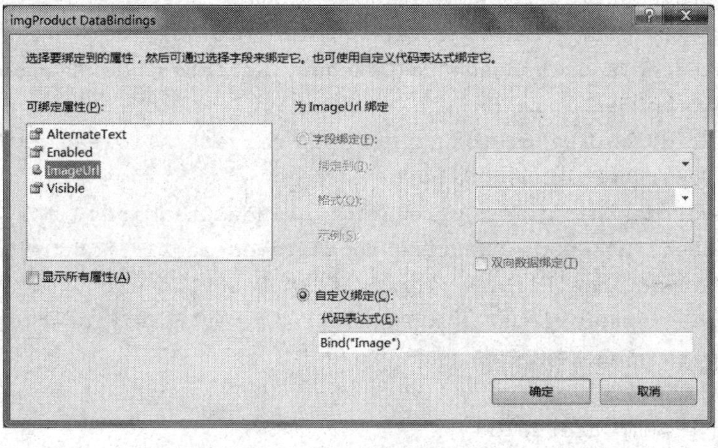

lblName、lblListPrice、lblDescn 和 lblQty。单击 imgProduct 控件的智能标志，选择"编辑 DataBindings"命令，如图 8-8 所示，在呈现的对话框中绑定 imgProduct 控件的 ImageUrl 属性的代码表达式为 Bind("Image")，其中 Image 即为 Product 表中的字段名 Image；单击 lblName 控件的智能标志，选择"编辑 DataBindings"命令，如图 8-9 所示，在呈现的对话框中绑定 lblName 控件的 Text 属性的代码表达式为 Bind("Name")，其中 Name 即为 Product 表中的字段名 Name；其他的 Label 控件进行类似的设置。之后单击 gvProduct 控件的智能标志，选择"结束模板编辑"命令完成 ItemTemplate 模板的编辑。

图 8-8 ImageUrl 属性设置对话框

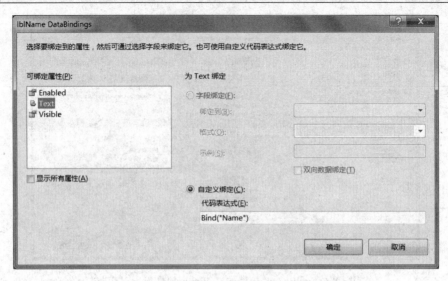

图 8-9　Text 属性设置对话框

⑥ 如表 8-2 所示，设置图 8-6 中 HyperLinkField 字段的属性。

表 8-2　HyperLinkField 字段各属性设置表

属　性　名	属　性　值	说　明
DataNavigateUrlFields	ProductId	绑定 Product 表中的 ProductId 字段，其值将替换超链接 URL 中的{0}
DataNavigateUrlFormatString	~/ShopCart.aspx?ProductId={0}	设置超链接 URL 的格式
HeaderText	放入购物车	表头的列名称
Text	购买	链接上显示的文本

⑦ 参考以下 ProShow.aspx 的主要源代码设置样式，再核对完成步骤①～⑥后的源代码。

```
<form id="form1" runat="server">
 <div>
  分类名:
  <asp:DropDownList ID="ddlCategory" runat="server" AutoPostBack="True"
   DataTextField="Name" DataValueField="CategoryId"
   OnSelectedIndexChanged="DdlCategory_SelectedIndexChanged">
  </asp:DropDownList>
  <asp:GridView ID="gvProduct" runat="server" AllowPaging="True"
   AutoGenerateColumns="False"
   OnPageIndexChanging="GvProduct_PageIndexChanging"
   PagerSettings-Mode="NextPrevious" PageSize="1" Width="100%">
   <PagerSettings FirstPageText="首页" LastPageText="尾页"
    Mode="NextPrevious" NextPageText="下一页" Position="TopAndBottom"
    PreviousPageText="上一页" />
   <Columns>
    <asp:TemplateField>
     <ItemTemplate>
```

```
            <table style="border: 1px solid #808080; width: 100%;">
              <tr>
                <td rowspan="7" style="text-align: center; border: 1px;
                  vertical-align: middle; width: 40%;">
                  <asp:Image ID="imgProduct" runat="server"
                    ImageUrl='<%# Bind("Image") %>' Height="60px" Width="60px" />
                </td>
                <td style="border: 1px solid #808080;">商品名称: </td>
                <td style="border: 1px solid #808080;">
                  <asp:Label ID="lblName" runat="server"
                    Text='<%# Bind("Name") %>'></asp:Label></td>
              </tr>
              <tr>
                <td style="border: 1px solid #808080;">商品价格: </td>
                <td style="border: 1px solid #808080;">
                  <asp:Label ID="lblListPrice" runat="server"
                    Text='<%# Bind("ListPrice") %>'></asp:Label></td>
              </tr>
              <tr>
                <td style="border: 1px solid #808080;">商品描述: </td>
                <td style="border: 1px solid #808080;">
                  <asp:Label ID="lblDescn" runat="server"
                    Text='<%# Bind("Descn") %>'></asp:Label></td>
              </tr>
              <tr>
                <td style="border: 1px solid #808080;">库存: </td>
                <td style="border: 1px solid #808080;">
                  <asp:Label ID="lblQty" runat="server"
                    Text='<%# Bind("Qty") %>'></asp:Label></td>
              </tr>
            </table>
          </ItemTemplate>
        </asp:TemplateField>
        <asp:HyperLinkField DataNavigateUrlFields="ProductId"
          DataNavigateUrlFormatString="~/ShopCart.aspx?ProductId={0}"
          HeaderText="放入购物车" Text="购买" />
      </Columns>
    </asp:GridView>
  </div>
</form>
```

（5）编写 ProShow.aspx.cs 中的方法代码。

① 在所有方法代码外声明一个 MyPetShopDataContext 类实例，使得该对象可在多个方法中使用，代码如下：

```
MyPetShopDataContext db = new MyPetShopDataContext();
```

② 当 Web 窗体载入时，触发 Page.Load 事件，将 Category 表中的 CategoryId 和 Name 字段值填充到 ddlCategory 下拉列表框，执行的方法代码如下：

```
protected void Page_Load(object sender, EventArgs e)
{
    //页面首次载入时填充 ddlCategory 下拉列表框
    if (!IsPostBack)
    {
        var categories = from c in db.Category
                         select new
                         {
                             c.CategoryId,
                             c.Name
                         };
        foreach (var category in categories)
        {
            ddlCategory.Items.Add(new ListItem(category.Name.ToString(),
              category.CategoryId.ToString()));
        }
        Bind();  //调用自定义方法，根据选择的 CategoryId 显示该分类中包含的商品
    }
}
```

③ 编写自定义方法 Bind()，该方法根据选择的 CategoryId 显示该分类中包含的商品。代码如下：

```
private void Bind()
{
    int categoryId = int.Parse(ddlCategory.SelectedValue);
                                            //获取选择的 CategoryId
    //在 Product 中查找满足条件的商品
    var products = from p in db.Product
                  where p.CategoryId == categoryId
                  select p;
    gvProduct.DataSource = products;        //将查找到的商品绑定到 gvProduct
    gvProduct.DataBind();
}
```

④ 当改变 ddlCategory 中的分类名后，触发 SelectedIndexChanged 事件，此时，需要重新在 gvProduct 中显示该分类名包含的商品，执行的方法代码如下：

```
protected void DdlCategory_SelectedIndexChanged(object sender, EventArgs e)
{
    Bind();  //调用自定义方法，根据选择的 CategoryId 显示该分类中包含的商品
}
```

⑤ 当改变 gvProduct 的当前页后，触发 PageIndexChanging 事件，此时，需要设置新的页面索引值，执行的方法代码如下：

```
protected void GvProduct_PageIndexChanging(object sender,
  GridViewPageEventArgs e)
{
  gvProduct.PageIndex = e.NewPageIndex;  //设置当前页索引值为新的页面索引值
  Bind();  //调用自定义方法，根据选择的 CategoryId 显示该分类中包含的商品
}
```

（6）浏览 ProShow.aspx 进行测试。

（7）右击 Ex8Site 网站，选择"设为启动项目"命令将 Ex8Site 网站设置为启动项目。在 ProShow.aspx.cs 文件中的"if (!IsPostBack)"语句处设置断点，按 F5 键启动调试，再通过按 F11 键逐条语句地执行程序，理解程序的执行过程。

2. 利用 DetailsView 控件实现数据插入、编辑、删除等操作

（1）设计 Web 窗体。

在 Ex8Site 网站根文件夹中添加一个 Web 窗体 Details.aspx，切换到"设计"视图。如图 8-10 所示，添加一个 DetailsView 控件和三个 LinqDataSource 控件。

（2）设置各控件的属性。

① 分别设置各控件的 ID 属性值为：dvProduct、ldsProduct、ldsCategory 和 ldsSupplier。

② 如图 8-11 所示，配置 ldsProduct 的数据源为 Product 表，单击"高级"按钮，在呈现的对话框中选中"启用 LinqDataSource 以进行自动删除""启用 LinqDataSource 以进行自动插入""启用 LinqDataSource 以进行自动更新"等复选框。配置完成后，再单击 ldsProduct 的智能标记，选中"启用删除""启用插入"和"启用更新"。

图 8-10　Details.aspx 设计界面

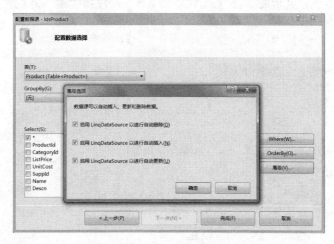

图 8-11　"配置数据源"对话框

③ 配置 ldsCategory 的数据源为 Category 表，字段选择 CategoryId 和 Name。

④ 配置 ldsSupplier 的数据源为 Supplier 表，字段选择 SuppId 和 Name。

⑤ 单击 dvProduct 的智能标记，选择数据源为 ldsProduct；选中"启用分页""启用插入""启用编辑"和"启用删除"；单击"编辑字段"命令，在呈现的对话框中将 CategoryId 和 SuppId 字段分别转换为 TemplateField 字段。

⑥ TemplateField 字段 CategoryId 的编辑界面如图 8-12 所示，向 EditItemTemplate 和 InsertItemTemplate 中分别添加一个 DropDownList 控件，再分别设置各 DropDownList 控件的 ID、DataSourceID、DataTextField 和 DataValueField 属性值为 ddlCategoryId、ldsCategory、Name 和 CategoryId。类似地设置 TemplateField 字段 SuppId。

（3）浏览 Details.aspx 进行测试。

图 8-12 CategoryId 字段设计界面

四、实验拓展

（1）修改 ProShow.aspx 页面，要求增加"商品编号"和"商品分类号"的显示。

（2）查阅资料，使用 ListView 控件实现 ProShow.aspx 中 GridView 控件的功能，同时提供分页功能（提示：分页需配合使用 DataPager 控件）。

（3）查阅资料，结合 Repeater 和 AspNetPager 控件实现 ProShow.aspx 中 GridView 控件的功能，同时提供分页功能（提示：AspNetPager 控件属于第三方控件，用于实现分页功能）。

ASP.NET 三层架构

一、实验目的

（1）理解 ASP.NET 三层架构。
（2）掌握 ASP.NET 三层架构的建立和使用方法。
（3）掌握基于 ASP.NET 三层架构的用户管理方法。
（4）掌握基于 ASP.NET 三层架构的购物车开发方法。

二、实验内容及要求

1. 搭建基于 ASP.NET 三层架构的 MyPetShop 应用程序

要求如下：

（1）MyPetShop 应用程序结构如图 9-1 所示，其中包括 MyPetShop.Web 表示层项目、MyPetShop.BLL 业务逻辑层项目、MyPetShop.DAL 数据访问层项目。

（2）MyPetShop.Web 表示层项目引用 MyPetShop.BLL 业务逻辑层项目，MyPetShop.BLL 业务逻辑层项目引用 MyPetShop.DAL 数据访问层项目。

图 9-1　MyPetShop 应用程序结构图

2. 设计并实现 MyPetShop 应用程序的首页

要求如下：

（1）在实验 8 完成的 ProShow.aspx 基础上设计首页 Default.aspx。

（2）首页浏览效果如图 9-2 所示。

（3）在图 9-2 中，当选择不同的分类名时，基于 ASP.NET 三层架构显示该分类中包含的商品信息。若分类中包含多个商品，则分页显示商品信息。当单击"购买"链接时跳转到购物车页。

（4）在图 9-2 中，单击"首页""注册""登录""购物车""网站地图"链接按钮分别跳转到 MyPetShop 应用程序的首页、一般用户注册、用户登录、一般用户购物车、网站地图等页面。

（5）完成实验要求（4）后，再以一般用户（以 jack 为例）登录，呈现如图 9-3 所示的界面。

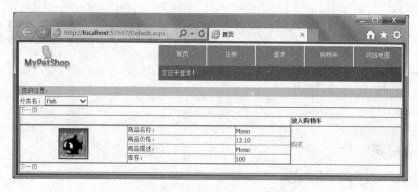

图 9-2　MyPetShop 应用程序首页浏览效果

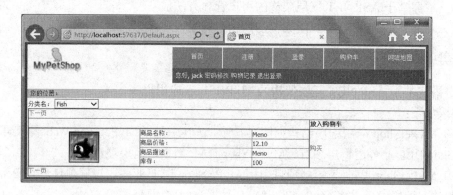

图 9-3　一般用户登录后的 MyPetShop 应用程序首页浏览效果

3. 设计并实现 MyPetShop 应用程序的一般用户注册功能

要求如下：

（1）在图 9-2 中，单击"注册"链接按钮呈现如图 9-4 所示的界面，实现基于 ASP.NET 三层架构的一般用户注册功能。

图 9-4　MyPetShop 应用程序一般用户注册页浏览效果

（2）在图 9-4 中，单击"我要登录"链接跳转到用户登录页。

4. 设计并实现 MyPetShop 应用程序的用户登录功能

要求如下:

（1）基于 ASP.NET 三层架构实现 MyPetShop 应用程序的用户登录功能。

（2）在图 9-4 中，当一般用户正确输入用户名（以 jack2 为例）、邮箱、密码、确认密码等信息再单击"立即注册"按钮后呈现如图 9-5 所示的界面。

（3）单击图 9-2 中的"登录"链接按钮，或者单击图 9-4 中的"我要登录"链接，呈现如图 9-6 所示的界面。

（4）在图 9-6 中，当用户登录时，若用户名（以 jack 为例）或密码输入错误，则呈现如图 9-7 所示的界面。

（5）在图 9-6 中，当管理员正确输入用户名和密码再单击"立即登录"按钮时，页面跳转到~/Admin/Default.aspx，呈现如图 9-8 所示的界面；当一般用户正确输入用户名和密码再单击"立即登录"按钮时，页面跳转到~/Default.aspx，呈现如图 9-3 所示的界面。另外，用户登录界面还包括"我要注册!"和"忘记密码？"链接，单击后分别跳转到一般用户注册页和一般用户密码重置页。

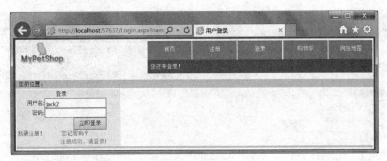

图 9-5 一般用户注册成功后的用户登录界面

图 9-6 直接访问用户登录界面

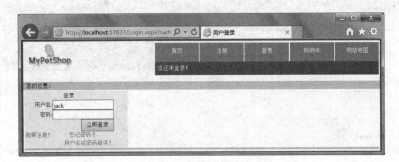

图 9-7 用户名或密码错误界面

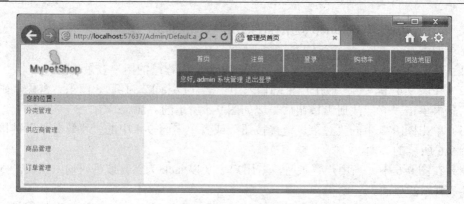

图 9-8　管理员用户登录成功后的界面

5. 设计并实现 MyPetShop 应用程序的一般用户密码修改功能

要求当一般用户成功登录后，单击"密码修改"链接按钮呈现如图 9-9 所示的界面，实现基于 ASP.NET 三层架构的一般用户密码修改功能。

图 9-9　一般用户密码修改界面

6. 设计并实现 MyPetShop 应用程序的一般用户密码重置功能

要求如下：

（1）当用户试图登录但忘记密码时，单击图 9-5～图 9-7 中的"忘记密码？"链接呈现如图 9-10 所示的界面，实现基于 ASP.NET 三层架构的一般用户密码重置功能。

（2）在图 9-10 中，输入正确的用户名（以 jack2 为例）和邮箱（以 ssgwcyxxd@126.com 为例），单击"找回密码"按钮后呈现如图 9-11 所示的界面。

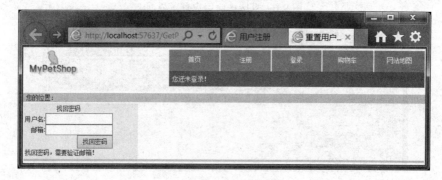

图 9-10　一般用户密码重置界面（1）

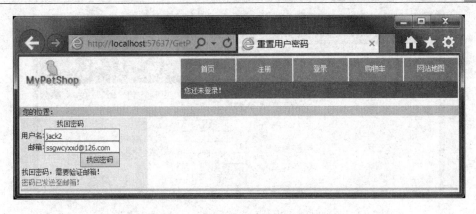

图 9-11 一般用户密码重置界面（2）

7. 设计并实现 MyPetShop 应用程序的购物车功能

要求如下：

（1）一般用户购物车中的数据保存到 MyPetShop 数据库。

（2）基于 ASP.NET 三层架构实现数据访问和操作。

（3）一般用户（以 jack 为例）"购物车页"浏览效果如图 9-12 所示。当选择该用户购物车中的商品后，单击"删除商品"按钮将删除该用户购物车中选中的商品；当单击"清空购物车"按钮时将清空该用户购物车中的所有商品；当输入"购买数量"后，单击"重新计算"按钮将重新计算该用户购物车中商品的总价；当单击"结算"按钮时将页面重定向到结算页。

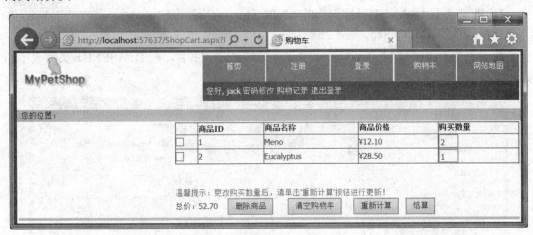

图 9-12 一般用户（以 jack 为例）"购物车页"浏览效果

（4）一般用户（以 jack 为例）"结算页"浏览效果如图 9-13 和图 9-14 所示。当输入"送货地址""发票寄送地址""城市""省（自治区、直辖市）""邮编""联系电话"等信息并单击"提交结算"按钮后，首先根据指定用户购物车中的商品清单创建该用户的订单，其次创建该订单的详细信息记录，再次修改 Product 表中相应商品的库存量，最后删除该用户购物车中的所有商品。之后，显示"已经成功结算，谢谢光临！"的信息。

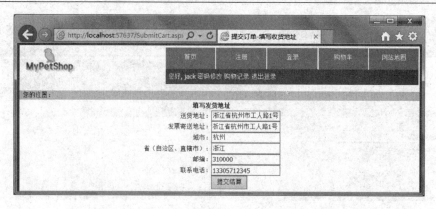

图 9-13　一般用户（以 jack 为例）"结算页"浏览效果（1）

图 9-14　一般用户（以 jack 为例）"结算页"浏览效果（2）

三、实验步骤

1. 搭建基于 ASP.NET 三层架构的 MyPetShop 应用程序

（1）新建 ExMyPetShop 解决方案。

为了避免跟主教材 MyPetShop 应用程序的解决方案重名，在 D:\ASPNET 文件夹中新建一个 ExMyPetShop 解决方案，如图 9-15 所示。

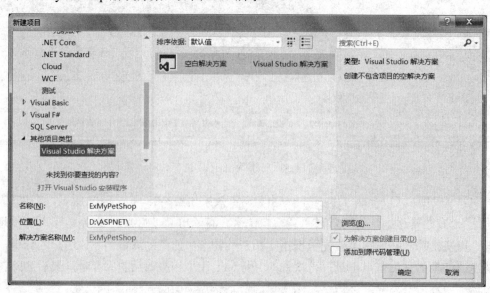

图 9-15　新建 ExMyPetShop 解决方案对话框

（2）添加 MyPetShop.Web 表示层项目。

在"解决方案资源管理器"窗口中，右击"解决方案 ExMyPetShop"，选择"添加"→"新建项目"命令。如图 9-16 所示，在呈现的"添加新项目"对话框中选择 Visual C#→Web→先前版本→"ASP.NET 空网站"模板，输入名称 MyPetShop.Web。单击"确定"按钮在 ExMyPetShop 解决方案中添加 MyPetShop.Web 表示层项目。

（3）添加 MyPetShop.BLL 业务逻辑层项目。

在"解决方案资源管理器"窗口中右击"解决方案 ExMyPetShop"，在弹出的快捷菜单中选择"添加"→"新建项目"命令，然后在呈现的对话框中选择 Visual C#→"类库(.NET Framework)"模板，输入名称 MyPetShop.BLL，如图 9-17 所示。最后单击"确定"按钮添加 MyPetShop.BLL 业务逻辑层项目。

（4）添加 MyPetShop.DAL 数据访问层项目。

与添加 MyPetShop.BLL 业务逻辑层项目过程类似，修改其中的项目名称为 MyPetShop.DAL，如图 9-18 所示，再单击"确定"按钮在 ExMyPetShop 解决方案中添加 MyPetShop.DAL 数据访问层项目。

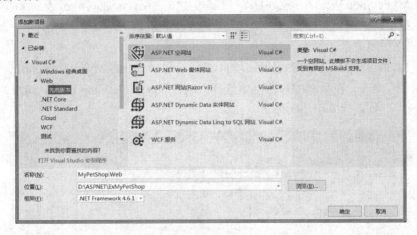

图 9-16　添加 MyPetShop.Web 表示层项目对话框

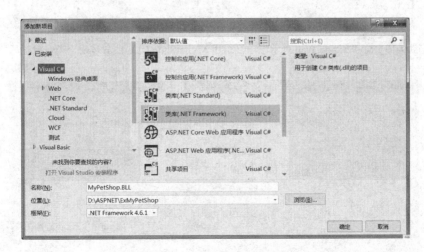

图 9-17　添加 MyPetShop.BLL 业务逻辑层项目对话框

图 9-18 添加 MyPetShop.DAL 数据访问层项目对话框

（5）添加各层项目之间的引用。

① 对 MyPetShop.Web 表示层项目，右击图 9-1 中的 MyPetShop.Web，选择"添加"→"引用"命令，在呈现的对话框中选择"项目"→MyPetShop.BLL，如图 9-19 所示，再单击"确定"按钮建立引用关系。

② 对 MyPetShop.BLL 业务逻辑层项目，右击图 9-1 中的 MyPetShop.BLL，选择"添加"→"引用"命令，在呈现的对话框中选择"项目"→MyPetShop.DAL，如图 9-20 所示，再单击"确定"按钮建立引用关系。

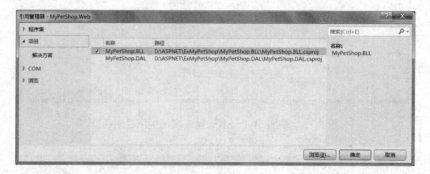

图 9-19 MyPetShop.Web 表示层项目引用 MyPetShop.BLL 业务逻辑层项目对话框

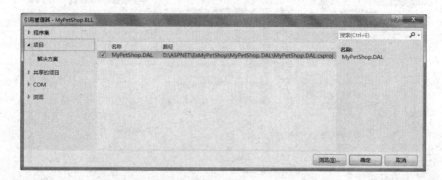

图 9-20 MyPetShop.BLL 业务逻辑层项目引用 MyPetShop.DAL 数据访问层项目对话框

2. 设计并实现 MyPetShop 应用程序的首页

（1）在 MyPetShop.Web 表示层项目中添加新项。

① 在 MyPetShop.Web 表示层项目的根文件夹下分别建立 App_Code、App_Data、Styles、Scripts 等文件夹，再添加 Web 窗体 Default.aspx 以及全局应用程序类 Global.asax。其中，Default.aspx 作为首页；Global.asax 存储 jQuery 配置代码。

② 将主教材源程序包内的 MyPetShop 应用程序中的 Images 和 Prod_Images 文件夹复制到 MyPetShop.Web 表示层项目的根文件夹，它们分别包含了 MyPetShop 应用程序 Logo 和宠物商品等图片文件。

③ 将 ExSite 网站根文件夹下 Content\bootstrap.css、Content\bootstrap.css.map、Styles\Style.css 等文件分别复制到 MyPetShop.Web 表示层项目中的 Styles 文件夹。当然，也可以在 MyPetShop.Web 表示层项目安装 Bootstrap（本书使用 Bootstrap v3.3.7 版本，注意不同的 Bootstrap 版本可能会产生不同的页面浏览效果）后再将相应文件复制到 Styles 文件夹。

④ 将 ExSite 网站根文件夹下 Scripts\jquery-3.2.1.min.js 和 Scripts\jquery-3.2.1.min.map（本书使用 jQuery v3.2.1 版本）文件复制到 MyPetShop.Web 表示层项目中的 Scripts 文件夹。当然，也可以在 MyPetShop.Web 表示层项目安装 jQuery 从而得到由 jQuery 提供的 JavaScript 库。

⑤ 参考实验 5 实验步骤 1（1）在 Global.asax 全局应用程序类的 Application_Start()方法中配置 jQuery。

（2）参考实验 8 实验步骤 1（2）在 App_Data 文件夹中建立 MyPetShop 数据库。

（3）建立 MyPetShop.dbml 文件。

在 MyPetShop.DAL 数据访问层项目中新建 LINQ to SQL 类 MyPetShop.dbml 文件，再打开 MyPetShop 数据库将所有数据表拖动到 MyPetShop.dbml 的对象关系设计器的左窗口中，从而建立各个数据表相对应的各个实体类。

（4）设置数据库连接字符串。

打开 MyPetShop.Web 表示层项目中的 Web.config 文件，在 configuration 配置节中输入以下代码；或者，先打开 MyPetShop.DAL 数据访问层项目中的 app.config 文件，再将其中自动生成的 MyPetShop 数据库连接字符串复制到 MyPetShop.Web 表示层项目下 Web.config 文件中的 configuration 配置节，最后修改 AttachDbFilename=|DataDirectory|\MyPetShop.mdf。

```
<connectionStrings>
  <add
  name="MyPetShop.DAL.Properties.Settings.MyPetShopConnectionString"
  connectionString="Data Source=(LocalDB)\MSSQLLocalDB;
  AttachDbFilename=|DataDirectory|\MyPetShop.mdf;Integrated
  Security=True" providerName="System.Data.SqlClient" />
</connectionStrings>
```

（5）如图 9-21 所示，在 MyPetShop.BLL 业务逻辑层项目中添加 System.Data.Linq 程序集（命名空间），从而能使用 LINQ to SQL 访问 MyPetShop 数据库。

（6）建立 CategoryService.cs 类文件。

① 在 MyPetShop.BLL 业务逻辑层项目中新建 CategoryService.cs 类文件。

② 导入 MyPetShop.DAL 命名空间。代码如下：

```
using MyPetShop.DAL;
```

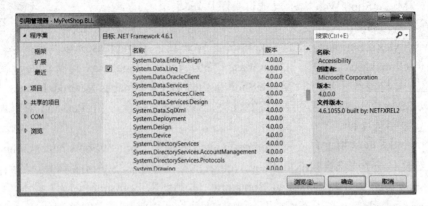

图 9-21　MyPetShop.BLL 业务逻辑层项目中添加 System.Data.Linq 程序集对话框

③ 在所有方法代码外声明一个 MyPetShopDataContext 类实例，使得该对象可在多个方法中使用。代码如下：

```
MyPetShopDataContext db = new MyPetShopDataContext();
```

④ 建立 GetAllCategory()方法，该方法返回所有商品分类的列表。代码如下：

```
public List<Category> GetAllCategory()
{
  return (from c in db.Category
        select c).ToList();
}
```

（7）建立 ProductService.cs 类文件。

① 在 MyPetShop.BLL 业务逻辑层项目中新建 ProductService.cs 类文件。

② 导入 MyPetShop.DAL 命名空间。代码如下：

```
using MyPetShop.DAL;
```

③ 在所有方法代码外声明一个 MyPetShopDataContext 类实例，使得该对象可在多个方法中使用。代码如下：

```
MyPetShopDataContext db = new MyPetShopDataContext();
```

④ 建立 GetProductByCategoryId()方法，该方法返回指定商品分类中包含的所有商品对象的列表。代码如下：

```
public List<Product> GetProductByCategoryId(int categoryId)
{
  return (from p in db.Product
        where p.CategoryId == categoryId
        select p).ToList();
}
```

（8）在 Styles\Style.css 文件中添加新的样式。

打开 Styles\Style.css 文件，在其中添加.mainbody 类选择器。代码如下：

```
.mainbody { width: 778px; margin: 0 auto; padding: 2px;
background-color: #fff; text-align: left; }
```

（9）在实验 8 完成的 ProShow.aspx 基础上设计首页 Default.aspx。

① 打开 MyPetShop.Web 表示层项目中的 Default.aspx，在"设计"视图中通过"格式"→"附加样式表"命令分别附加 Styles\bootstrap.css 和 Styles\Style.css 文件。

② 在"源"视图中，删除其中自动生成的\<div\>元素。将实验 2 中 BootstrapCss.aspx 文件内的整个\<header\>和\<nav\>元素内容复制到 Default.aspx 的\<form\>元素内。

③ 增加属性设置。将\<header\>元素中所有 LinkButton 控件的 CausesValidation 属性值设置为 False，再将 LinkButton 控件 lnkbtnDefault、lnkbtnCart、lnkbtnSiteMap 的 PostBackUrl 属性值分别设置为~/Default.aspx、~/ShopCart.aspx、~/Map.aspx。

④ 删除\<div\>元素中的"登录状态"，再在其中添加一个 Label 控件、四个 LinkButton 控件。如表 9-1 所示，设置各控件属性。

表 9-1 各控件的属性设置表

控 件	属 性	属 性 值	说 明
Label	ID	lblWelcome	显示用户登录状态信息的 Label 控件编程名称
	Text	您还未登录！	初始显示"您还未登录！"
LinkButton	ID	lnkbtnPwd	"密码修改"链接按钮的编程名称
	CausesValidation	False	单击链接按钮时不执行验证过程
	ForeColor	White	设置链接按钮文本的前景颜色为白色
	PostBackUrl	~/ChangePwd.aspx	单击后链接到 MyPetShop.Web 表示层项目根文件夹下的 ChangePwd.aspx
	Text	密码修改	"密码修改"链接按钮上显示的文本
	Visible	False	初始设置链接按钮不可见
LinkButton	ID	lnkbtnManage	"系统管理"链接按钮的编程名称
	ForeColor	White	设置链接按钮文本的前景颜色为白色
	PostBackUrl	~/Admin/Default.aspx	单击后链接到 MyPetShop.Web 表示层项目根文件夹下 Admin 文件夹中的 Default.aspx
	Text	系统管理	"系统管理"链接按钮上显示的文本
	Visible	False	初始设置链接按钮不可见
LinkButton	ID	lnkbtnOrder	"购物记录"链接按钮的编程名称
	CausesValidation	False	单击链接按钮时不执行验证过程
	ForeColor	White	设置链接按钮文本的前景颜色为白色
	PostBackUrl	~/OrderList.aspx	单击后链接到 MyPetShop.Web 表示层项目根文件夹下的 OrderList.aspx
	Text	购物记录	"购物记录"链接按钮上显示的文本
	Visible	False	初始设置链接按钮不可见
LinkButton	ID	lnkbtnLogout	"退出登录"链接按钮的编程名称
	CausesValidation	False	单击链接按钮时不执行验证过程
	ForeColor	White	设置链接按钮文本的前景颜色为白色
	Text	退出登录	"退出登录"链接按钮上显示的文本
	Visible	False	初始设置链接按钮不可见

⑤ 在</nav>和</form>标记之间添加<section>元素，设置其 class 属性值为 mainbody。
打开 Ex8Site 网站中的 ProShow.aspx，将其中的整个<div>元素内容复制到<section>元素中。

⑥ 设计完成后的主要源代码如下：

```
<head runat="server">
  <meta http-equiv="Content-Type" content="text/html; charset=utf-8" />
  <title>商品展示</title>
  <link href="Styles/bootstrap.css" rel="stylesheet" type="text/css" />
  <link href="Styles/Style.css" rel="stylesheet" type="text/css" />
</head>
<body>
<form id="form1" runat="server">
  <header class="header">
    <asp:Image ID="imgLogo" runat="server" ImageUrl="~/Images/logo.gif" />
    <ul class="nav nav-pills">
      <li class="navDark">
        <asp:LinkButton ID="lnkbtnDefault" runat="server"
        CausesValidation="False" ForeColor="White"
        PostBackUrl="~/Default.aspx">首页</asp:LinkButton></li>
      <li class="navDark">
        <asp:LinkButton ID="lnkbtnRegister" runat="server"
        CausesValidation="False" ForeColor="White"
        OnClick="LnkbtnRegister_Click">注册</asp:LinkButton></li>
      <li class="navDark">
        <asp:LinkButton ID="lnkbtnLogin" runat="server"
        CausesValidation="False" ForeColor="White"
        OnClick="LnkbtnLogin_Click">登录</asp:LinkButton></li>
      <li class="navDark">
        <asp:LinkButton ID="lnkbtnCart" runat="server"
        CausesValidation="False" ForeColor="White"
        PostBackUrl="~/ShopCart.aspx">购物车</asp:LinkButton></li>
      <li class="navDark">
        <asp:LinkButton ID="lnkbtnSiteMap" runat="server"
        CausesValidation="False" ForeColor="White"
        PostBackUrl="~/Map.aspx">网站地图</asp:LinkButton></li>
    </ul>
    <div class="status">
      <asp:Label ID="lblWelcome" runat="server" Text="您还未登录！">
      </asp:Label>
      <asp:LinkButton ID="lnkbtnPwd" runat="server"
      CausesValidation="False" ForeColor="White"
      Visible="False" PostBackUrl="~/ChangePwd.aspx">密码修改
      </asp:LinkButton>
      <asp:LinkButton ID="lnkbtnManage" runat="server" ForeColor="White"
      Visible="False" PostBackUrl="~/Admin/Default.aspx">系统管理
```

```
      </asp:LinkButton>
      <asp:LinkButton ID="lnkbtnOrder" runat="server"
       CausesValidation="False" ForeColor="White"
       Visible="False" PostBackUrl="~/OrderList.aspx">购物记录
      </asp:LinkButton>
      <asp:LinkButton ID="lnkbtnLogout" runat="server"
       CausesValidation="False" ForeColor="White"
       Visible="False" OnClick="LnkbtnLogout_Click">退出登录
      </asp:LinkButton>
    </div>
  </header>
  <nav class="sitemap">
    您的位置：
  </nav>
  <section class="mainbody">
    <div>
      分类名：
      <asp:DropDownList ID="ddlCategory" runat="server"
       AutoPostBack="True" DataTextField="Name"
       DataValueField="CategoryId"
       OnSelectedIndexChanged="DdlCategory_SelectedIndexChanged">
      </asp:DropDownList>
      <asp:GridView ID="gvProduct" runat="server" AllowPaging="True"
       AutoGenerateColumns="False"
       OnPageIndexChanging="GvProduct_PageIndexChanging"
       PagerSettings-Mode="NextPrevious" PageSize="1" Width="100%">
       <PagerSettings FirstPageText="首页" LastPageText="尾页"
         Mode="NextPrevious" NextPageText="下一页"
         Position="TopAndBottom" PreviousPageText="上一页" />
       <Columns>
         <asp:TemplateField>
           <ItemTemplate>
             <table style="border: 1px solid #808080; width: 100%;">
               <tr>
                 <td rowspan="7" style="text-align: center; border: 1px;
                  vertical-align: middle; width: 40%;">
                   <asp:Image ID="imgProduct" runat="server"
                    ImageUrl='<%# Bind("Image") %>' Height="60px"
                    Width="60px" /></td>
                 <td style="border: 1px solid #808080;">商品名称：</td>
                 <td style="border: 1px solid #808080;">
                   <asp:Label ID="lblName" runat="server"
                    Text='<%# Bind("Name") %>'></asp:Label></td>
               </tr>
               <tr>
```

```
            <td style="border: 1px solid #808080;">商品价格: </td>
            <td style="border: 1px solid #808080;">
              <asp:Label ID="lblListPrice" runat="server"
                Text='<%# Bind("ListPrice") %>'></asp:Label></td>
          </tr>
          <tr>
            <td style="border: 1px solid #808080;">商品描述: </td>
            <td style="border: 1px solid #808080;">
              <asp:Label ID="lblDescn" runat="server"
                Text='<%# Bind("Descn") %>'></asp:Label></td>
          </tr>
          <tr>
            <td style="border: 1px solid #808080;">库存: </td>
            <td style="border: 1px solid #808080;">
              <asp:Label ID="lblQty" runat="server"
                Text='<%# Bind("Qty") %>'></asp:Label></td>
          </tr>
        </table>
      </ItemTemplate>
    </asp:TemplateField>
    <asp:HyperLinkField DataNavigateUrlFields="ProductId"
      DataNavigateUrlFormatString="~/ShopCart.aspx?ProductId={0}"
      HeaderText="放入购物车" Text="购买" />
  </Columns>
</asp:GridView>
</div>
</section>
</form>
</body>
```

（10）编写 Default.aspx.cs 中的方法代码。

① 导入 MyPetShop.BLL 命名空间。代码如下：

```
using MyPetShop.BLL;
```

② 在所有方法代码外声明 CategoryService 和 ProductService 类实例，使得该对象可在多个方法中使用。代码如下：

```
CategoryService categorySrv = new CategoryService();
ProductService productSrv = new ProductService();
```

③ 当 Web 窗体载入时，触发 Page.Load 事件，将根据匿名用户或一般用户呈现不同的登录状态和权限，还将 Category 表中的 CategoryId 和 Name 字段值填充到 ddlCategory 下拉列表框，执行的方法代码如下：

```
protected void Page_Load(object sender, EventArgs e)
{
```

```
if (Session["CustomerId"] != null)  //一般用户已登录
{
  lblWelcome.Text = "您好, " + Session["CustomerName"].ToString();
  lnkbtnPwd.Visible = true;
  lnkbtnOrder.Visible = true;
  lnkbtnLogout.Visible = true;
}
//页面首次载入时填充 ddlCategory 下拉列表框
if (!IsPostBack)
{
  //调用 CategoryService 类中的 GetAllCategory()方法返回所有的商品分类
  var categories = categorySrv.GetAllCategory();
  foreach (var category in categories)
  {
    ddlCategory.Items.Add(new ListItem(category.Name.ToString(),
      category.CategoryId.ToString()));
  }
  Bind();  //调用自定义方法，根据选择的 CategoryId 显示该商品分类中包含的商品
}
}
```

④ 建立自定义方法 Bind(),该方法根据选择的 **CategoryId** 显示该商品分类中包含的商品。代码如下：

```
private void Bind()       //本行应自行输入
{
  //获取选择的 CategoryId
  int categoryId = int.Parse(ddlCategory.SelectedValue);
  //调用 ProductService 类中的 GetProductByCategoryId()方法查找指定商品分类号的
  //商品
  var products = productSrv.GetProductByCategoryId(categoryId);
  gvProduct.DataSource = products;  //将查找到的商品绑定到 gvProduct
  gvProduct.DataBind();
}
```

⑤ 当用户单击"注册"链接按钮后，触发 **Click** 事件，此时，若用户已登录则需要注销当前用户，之后将页面重定向到~/NewUser.aspx，执行的方法代码如下：

```
protected void LnkbtnRegister_Click(object sender, EventArgs e)
{
  Session.Clear();                  //注销当前用户
  Response.Redirect("~/NewUser.aspx");
}
```

需要说明的是，本书 **MyPetShop** 应用程序中的 Session 变量仅用于存储用户登录信息，因此，调用 Session.Clear()方法将注销当前登录的用户。若在其他 Web 应用程序开发时需

要通过 Session 变量存储除用户登录以外的信息，那就不能通过 Session.Clear()方法注销当前登录的用户，否则将清除所有的 Session 变量。在该情况下，可考虑用 Session.Remove()方法清除指定的 Session 变量来达到注销当前登录用户的目的。

⑥ 当用户单击"登录"链接按钮后，触发 Click 事件，此时，若用户已登录则需要注销当前用户，之后将页面重定向到~/Login.aspx，执行的方法代码如下：

```
protected void LnkbtnLogin_Click(object sender, EventArgs e)
{
  Session.Clear();                    //注销当前用户
  Response.Redirect("~/Login.aspx");
}
```

⑦ 当用户单击"退出登录"链接按钮后，触发 Click 事件，此时，若用户已登录则需要注销当前用户，之后将页面重定向到~/Default.aspx，执行的方法代码如下：

```
protected void LnkbtnLogout_Click(object sender, EventArgs e)
{
  Session.Clear();                    //注销当前用户
  Response.Redirect("~/Default.aspx");
}
```

⑧ 当改变 ddlCategory 中的分类名后，触发 SelectedIndexChanged 事件，此时，需要重新在 gvProduct 中显示该分类名包含的商品，执行的方法代码如下：

```
protected void DdlCategory_SelectedIndexChanged(object sender, EventArgs e)
{
  Bind(); //调用自定义方法，根据选择的 CategoryId 显示该分类中包含的商品
}
```

⑨ 当改变 gvProduct 的当前页后，触发 PageIndexChanging 事件，此时，需要设置新的页面索引值，执行的方法代码如下：

```
protected void GvProduct_PageIndexChanging(object sender,
  GridViewPageEventArgs e)
{
  gvProduct.PageIndex = e.NewPageIndex;  //设置当前页索引值为新的页面索引值
  Bind();  //调用自定义方法，根据选择的 CategoryId 显示该分类中包含的商品
}
```

（11）右击 MyPetShop.Web 表示层项目，选择"生成网站"命令从而编译整个 MyPetShop 应用程序。再浏览 Default.aspx 进行测试。

（12）右击 MyPetShop.Web 表示层项目，选择"设为启动项目"命令将 MyPetShop.Web 表示层项目设置为启动项目。在 Default.aspx.cs 文件中的"if (Session["CustomerId"] != null)"语句处设置断点，按 F5 键启动调试，再通过按 F11 键逐条语句地执行程序，理解程序的执行过程。

3. 设计并实现 MyPetShop 应用程序的一般用户注册功能

（1）在 Styles\Style.css 文件中添加新的样式。

打开 Styles\Style.css 文件，在其中添加.clear、.leftside、.tdcenter、.tdright
类选择器。代码如下：

```css
.clear { clear: both; height: 4px; margin: 2px 0; background-color: #ccccd4; }
.leftside { width: 224px; float: left; padding: 2px;
 background-color: #f2f3f7; }
.tdcenter { text-align: center; }
.tdright { text-align: right; }
```

（2）建立 CustomerService.cs 类文件。

① 在 MyPetShop.BLL 业务逻辑层项目中新建 CustomerService.cs 类文件。

② 导入 MyPetShop.DAL 命名空间。代码如下：

```csharp
using MyPetShop.DAL;
```

③ 在所有方法代码外声明一个 MyPetShopDataContext 类实例，使得该对象可在多个
方法中使用。代码如下：

```csharp
MyPetShopDataContext db = new MyPetShopDataContext();
```

④ 建立 IsNameExist()方法，该方法用于判断输入的用户名是否重名，当用户名重名
时返回 true，否则返回 false。代码如下：

```csharp
public bool IsNameExist(string name)
{
  //通过 MyPetShop.DAL 数据访问层中的 Customer 类查询输入的用户名是否重名，若重名则
  //返回用户对象，否则返回 null
  Customer customer = (from c in db.Customer
                       where c.Name == name
                       select c).FirstOrDefault();
  if (customer != null)
  {
    return true;
  }
  else
  {
    return false;
  }
}
```

⑤ 建立 Insert()方法，该方法用于向 MyPetShop 数据库中的 Customer 表插入新用户记
录。代码如下：

```csharp
public void Insert(string name, string password, string email)
{
```

```
Customer customer = new Customer
{
Name = name,
  Password = password,
  Email = email
};
db.Customer.InsertOnSubmit(customer);
db.SubmitChanges();
}
```

（3）添加并设计 NewUser.aspx。

① 在 MyPetShop.Web 表示层项目中添加 Web 窗体 NewUser.aspx，切换到"设计"视图，通过"格式"→"附加样式表"命令分别附加 Styles\bootstrap.css 和 Styles\Style.css 文件。

② 切换到"源"视图，删除其中自动生成的<div>元素。将实验步骤 2 完成的 Default.aspx 中的整个<header>和<nav>元素内容复制到 NewUser.aspx 的<form>元素内。

③ 在</nav>和</form>标记之间添加<section>元素，设置其 class 属性值为 mainbody。

④ 在<section>元素中添加一个<div>元素，设置其 class 属性值为 leftside。切换到"设计"视图，如图 9-22 所示，在该<div>元素中添加一个用于布局的 9 行 3 列表格，合并相应的单元格；向相应的单元格中输入"注册""用户名：""邮箱：""密码：""确认密码："，添加四个 TextBox 控件、四个 RequiredFieldValidator 控件、一个 RegularExpressionValidator 控件、一个 CompareValidator 控件、一个 Button 控件和一个 Label 控件。

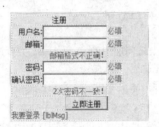

图 9-22　用户注册设计界面

⑤ 如表 9-2 所示，分别设置各控件的属性。

表 9-2　各控件的属性设置表

控　件	属　性　名	属　性　值	说　　明
TextBox	ID	txtName	"用户名"文本框的编程名称
RequiredFieldValidator	ID	rfvName	"必须输入验证"控件的编程名称
	ControlToValidate	txtName	验证"用户名"文本框
	Display	Dynamic	只有验证未通过时才占用空间
	ErrorMessage	必填	验证未通过时显示错误信息"必填"
	ForeColor	Red	验证未通过时显示红色的错误信息
TextBox	ID	txtEmail	"邮箱"文本框的编程名称
RequiredFieldValidator	ID	rfvEmail	"必须输入验证"控件的编程名称

续表

控　件	属　性　名	属　性　值	说　明
RequiredFieldValidator	ControlToValidate	txtEmail	验证"邮箱"文本框
	Display	Dynamic	只有验证未通过时才占用空间
	ErrorMessage	必填	验证未通过时显示错误信息"必填"
	ForeColor	Red	验证未通过时显示红色的错误信息
RegularExpression-Validator	ID	revEmail	"规则表达式验证"控件的编程名称
	ControlToValidate	txtEmail	验证"邮箱"文本框
	Display	Dynamic	只有验证未通过时才占用空间
	ErrorMessage	邮箱格式不正确！	验证未通过时显示的错误信息
	ForeColor	Red	验证未通过时显示红色的错误信息
	ValidationExpression	\w+([-+.']\w+)*@\w+([-.]\w+)*\.\w+([-.]\w+)*	表达式为邮箱格式
TextBox	ID	txtPwd	"密码"文本框的编程名称
	TextMode	Password	设置"密码"文本框为密码模式
RequiredFieldValidator	ID	rfvPwd	"必须输入验证"控件的编程名称
	ControlToValidate	txtPwd	验证"密码"文本框
	Display	Dynamic	只有验证未通过时才占用空间
	ErrorMessage	必填	验证未通过时显示错误信息"必填"
	ForeColor	Red	验证未通过时显示红色的错误信息
TextBox	ID	txtPwdAgain	"确认密码"文本框的编程名称
	TextMode	Password	设置"确认密码"文本框为密码模式
RequiredFieldValidator	ID	rfvPwdAgain	"必须输入验证"控件的编程名称
	ControlToValidate	txtPwdAgain	验证"确认密码"文本框
	Display	Dynamic	只有验证未通过时才占用空间
	ErrorMessage	必填	验证未通过时显示错误信息"必填"
	ForeColor	Red	验证未通过时显示红色的错误信息
CompareValidator	ID	cvPwd	"比较验证"控件的编程名称
	ControlToCompare	txtPwd	与"密码"文本框比较
	ControlToValidate	txtPwdAgain	验证"确认密码"文本框
	Display	Dynamic	只有验证未通过时才占用空间
	ErrorMessage	2 次密码不一致！	验证未通过时显示的错误信息
	ForeColor	Red	验证未通过时显示红色的错误信息
Button	ID	btnReg	"立即注册"按钮控件的编程名称
	Text	立即注册	"立即注册"按钮控件上显示的文本
Label	ID	lblMsg	显示"用户名已存在！"信息的 Label 控件的编程名称
	ForeColor	Red	当输入的用户名已存在时显示红色的提示信息
	Text	空	初始不显示任何内容

⑥ 切换到"源"视图，在（9，1）单元格中添加 "<a href="Login.aspx">我要登录</a>"。

⑦ 在"源"视图中，删除多余的<td>元素。

⑧ 在</div>和</section>标记之间添加一个<div>元素，设置其 class 属性值为 clear，这样，可使新建<div>元素的左右两侧均不允许其他浮动元素，并显示分隔线。

⑨ 设计完成后，整个<section>元素的源代码如下：

```
<section class="mainbody">
  <div class="leftside">
    <table>
      <tr>
        <td class="tdcenter" colspan="2">注册</td>
      </tr>
      <tr>
        <td class="tdright">用户名:</td>
        <td>
          <asp:TextBox ID="txtName" runat="server"></asp:TextBox></td>
        <td>
          <asp:RequiredFieldValidator ControlToValidate="txtName"
          Display="Dynamic" ForeColor="Red" ID="rfvName" runat="server"
          ErrorMessage="必填"></asp:RequiredFieldValidator></td>
      </tr>
      <tr>
        <td class="tdright">邮箱:</td>
        <td>
          <asp:TextBox ID="txtEmail" runat="server"></asp:TextBox></td>
        <td>
          <asp:RequiredFieldValidator ControlToValidate="txtEmail"
          Display="Dynamic" ForeColor="Red" ID="rfvEmail" runat="server"
          ErrorMessage="必填"></asp:RequiredFieldValidator></td>
      </tr>
      <tr>
        <td class="tdright" colspan="2">
          <asp:RegularExpressionValidator ID="revEmail" runat="server"
          ErrorMessage="邮箱格式不正确！" ControlToValidate="txtEmail"
          Display="Dynamic" ForeColor="Red"
          ValidationExpression="\w+([-+.']\w+)*@\w+([-.]\w+)*\.\w+([-.]\w+)*">
          </asp:RegularExpressionValidator></td>
      </tr>
      <tr>
        <td class="tdright">密码:</td>
        <td>
          <asp:TextBox ID="txtPwd" runat="server"
          TextMode="Password"></asp:TextBox></td>
        <td>
          <asp:RequiredFieldValidator ControlToValidate="txtPwd"
          Display="Dynamic" ForeColor="Red" ID="rfvPwd" runat="server"
          ErrorMessage="必填"></asp:RequiredFieldValidator></td>
```

```
      </tr>
      <tr>
        <td class="tdright">确认密码:</td>
        <td>
          <asp:TextBox ID="txtPwdAgain" runat="server"
           TextMode="Password"></asp:TextBox></td>
        <td>
          <asp:RequiredFieldValidator ControlToValidate="txtPwdAgain"
           Display="Dynamic" ForeColor="Red" ID="rfvPwdAgain"
           runat="server" ErrorMessage="必填"></asp:RequiredFieldValidator>
        </td>
      </tr>
      <tr>
        <td class="tdright" colspan="2">
          <asp:CompareValidator ControlToValidate="txtPwdAgain"
           ControlToCompare="txtPwd" Display="Dynamic" ForeColor="Red"
           ID="cvPwd" runat="server" ErrorMessage="2 次密码不一致! ">
          </asp:CompareValidator></td>
      </tr>
      <tr>
        <td class="tdright" colspan="2">
          <asp:Button ID="btnReg" runat="server" Text="立即注册"
           OnClick="BtnReg_Click" /></td>
      </tr>
      <tr>
        <td><a href="Login.aspx">我要登录</a></td>
        <td>
          <asp:Label ID="lblMsg" runat="server" ForeColor="Red">
          </asp:Label></td>
      </tr>
    </table>
  </div>
  <%-- 下面<div>元素左右两侧均不允许其他浮动元素，并显示分隔线 --%>
  <div class="clear"></div>
</section>
```

（4）编写 NewUser.aspx.cs 中的方法代码。

① 导入 MyPetShop.BLL 命名空间。

② 在所有方法代码外声明 CustomerService 类实例，使得该对象可在多个方法中使用。
代码如下：

```
CustomerService customerSrv = new CustomerService();
```

③ 将 Default.aspx.cs 中的 LnkbtnRegister_Click()、LnkbtnLogin_Click()、LnkbtnLogout
_Click()方法代码复制到 NewUser.aspx.cs 内相应类中。

④ 当用户单击"立即注册"按钮后，触发 Click 事件，此时，若页面通过验证，则调用 CustomerService 类中的 IsNameExist()方法判断用户名是否重名。若输入的用户名跟 Customer 表中的用户名重名，则输出"用户名已存在！"信息，否则调用 CustomerService 类中的 Insert()方法插入新用户记录并将页面重定向到 Login.aspx。执行的方法代码如下：

```
protected void BtnReg_Click(object sender, EventArgs e)
{
  if (Page.IsValid)
  {
    //调用 CustomerService 类中的 IsNameExist()方法判断用户名是否重名
    if (customerSrv.IsNameExist(txtName.Text.Trim()))
    {
      lblMsg.Text = "用户名已存在！";
    }
    else
    {
      //调用 CustomerService 类中的 Insert()方法插入新用户记录
      customerSrv.Insert(txtName.Text.Trim(), txtPwd.Text.Trim(),
       txtEmail.Text.Trim());
      Response.Redirect("Login.aspx?name=" + txtName.Text);
    }
  }
}
```

（5）右击 MyPetShop.Web 表示层项目，选择"生成网站"命令从而编译整个 MyPetShop 应用程序。再浏览 NewUser.aspx 进行测试。

（6）在 NewUser.aspx.cs 文件中的"if (customerSrv.IsNameExist(txtName.Text.Trim()))"语句处设置断点，按 F5 键启动调试，再通过按 F11 键逐条语句地执行程序，理解程序的执行过程。

4. 设计并实现 MyPetShop 应用程序的用户登录功能

（1）修改 CustomerService.cs 类文件。

① 打开 MyPetShop.BLL 业务逻辑层项目中的 CustomerService.cs 类文件。

② 建立 CheckLogin()方法，该方法用于判断检查输入的用户名和密码是否正确，若正确则返回用户 Id，否则返回 0。代码如下：

```
public int CheckLogin(string name, string password)
{
  //通过 MyPetShop.DAL 数据访问层中的 Customer 类查询输入的用户名和密码是否正确，若
  //正确则返回相应的用户对象，否则返回 null
  Customer customer = (from c in db.Customer
                       where c.Name == name && c.Password == password
                       select c).FirstOrDefault();
  if (customer != null)  //用户名和密码正确
  {
```

```
        return customer.CustomerId;
    }
    else                    //用户名或密码错误
    {
        return 0;
    }
}
```

（2）添加并设计 Login.aspx。

① 在 MyPetShop.Web 表示层项目中添加 Web 窗体 Login.aspx，切换到 "设计" 视图，通过 "格式" → "附加样式表" 命令分别附加 Styles\bootstrap.css 和 Styles\Style.css 文件。

② 切换到"源"视图，删除其中自动生成的<div>元素。将实验步骤 2 完成的 Default.aspx 中的整个<header>和<nav>元素内容复制到 Login.aspx 的<form>元素内。

③ 在</nav>和</form>标记之间添加<section>元素，设置其 class 属性值为 mainbody。

④ 在<section>元素中添加一个<div>元素，设置其 class 属性值为 leftside。切换到 "设计" 视图，如图 9-23 所示，在该<div>元素中添加一个用于布局的 6 行 3 列表格，合并相应的单元格；向相应的单元格中输入 "登录" "用户名:" 和 "密码:"，添加两个 TextBox 控件、两个 RequiredFieldValidator 控件、一个 Button 控件和一个 Label 控件。

图 9-23　用户登录设计界面

⑤ 如表 9-3 所示，分别设置各控件的属性。

表 9-3　各控件的属性设置表

控　件	属 性 名	属 性 值	说　明
TextBox	ID	txtName	"用户名" 文本框的编程名称
RequiredFieldValidator	ID	rfvName	"必须输入验证" 控件的编程名称
	ControlToValidate	txtName	验证 "用户名" 文本框
	Display	Dynamic	只有验证未通过时才占用空间
	ErrorMessage	必填	验证未通过时显示错误信息 "必填"
	ForeColor	Red	验证未通过时显示红色的错误信息
TextBox	ID	txtPwd	"密码" 文本框的编程名称
	TextMode	Password	设置 "密码" 文本框为密码模式
RequiredFieldValidator	ID	rfvPwd	"必须输入验证" 控件的编程名称
	ControlToValidate	txtPwd	验证 "密码" 文本框
	Display	Dynamic	只有验证未通过时才占用空间
	ErrorMessage	必填	验证未通过时显示错误信息 "必填"
	ForeColor	Red	验证未通过时显示红色的错误信息
Button	ID	btnLogin	"立即登录" 按钮控件的编程名称
	Text	立即登录	"立即登录" 按钮控件上显示的文本
Label	ID	lblMsg	显示提示信息的 Label 控件的编程名称
	ForeColor	Red	显示红色的提示信息
	Text	空	初始不显示任何内容

⑥ 切换到"源"视图，在（5，1）和（5，2）单元格中分别添加 "<a href="NewUser.aspx">我要注册！</a>" 和 "<a href="GetPwd.aspx">忘记密码？</a>"。

⑦ 在"源"视图中，删除多余的<td>元素。

⑧ 在</div>和</section>标记之间添加一个<div>元素，设置其 class 属性值为 clear，这样，可使新建<div>元素的左右两侧均不允许其他浮动元素，并显示分隔线。

⑨ 设计完成后，整个<section>元素的源代码如下：

```
<section class="mainbody">
  <div class="leftside">
    <table>
      <tr>
        <td class="tdcenter" colspan="2">登录</td>
      </tr>
      <tr>
        <td class="tdright">用户名:</td>
        <td>
          <asp:TextBox ID="txtName" runat="server"></asp:TextBox></td>
        <td>
          <asp:RequiredFieldValidator ControlToValidate="txtName"
          Display="Dynamic" ForeColor="Red" ID="rfvName" runat="server"
          ErrorMessage="必填"></asp:RequiredFieldValidator></td>
      </tr>
      <tr>
        <td class="tdright">密码:</td>
        <td>
          <asp:TextBox ID="txtPwd" runat="server"
          TextMode="Password"></asp:TextBox></td>
        <td>
          <asp:RequiredFieldValidator ControlToValidate="txtPwd"
          Display="Dynamic" ForeColor="Red" ID="rfvPwd" runat="server"
          ErrorMessage="必填"></asp:RequiredFieldValidator></td>
      </tr>
      <tr>
        <td colspan="2" class="tdright">
          <asp:Button ID="btnLogin" runat="server" Text="立即登录"
          OnClick="BtnLogin_Click" /></td>
      </tr>
      <tr>
        <td><a href="NewUser.aspx">我要注册！</a></td>
        <td class="tdcenter"><a href="GetPwd.aspx">忘记密码？</a></td>
      </tr>
      <tr>
        <td colspan="2" class="tdright">
          <asp:Label ID="lblMsg" runat="server" ForeColor="Red">
          </asp:Label></td>
```

```
        </tr>
      </table>
   </div>
   <%-- 下面<div>元素左右两侧均不允许其他浮动元素，并显示分隔线 --%>
   <div class="clear"></div>
</section>
```

（3）编写 Login.aspx.cs 中的方法代码。

① 导入 MyPetShop.BLL 命名空间。

② 在所有方法代码外声明 CustomerService 类实例，使得该对象可在多个方法中使用。
代码如下：

```
CustomerService customerSrv = new CustomerService();
```

③ 将 Default.aspx.cs 中的 LnkbtnRegister_Click()、LnkbtnLogin_Click()、LnkbtnLogout
_Click()方法代码复制到 Login.aspx.cs 内相应类中。

④ 当 Web 窗体载入时，触发 Page.Load 事件，若为首次载入，则判断 NewUser.aspx
页面传递过来的查询字符串变量 name 值是否为空值。若非空，则在用户名文本框显示新
注册的用户名并给出"注册成功，请登录！"的提示信息。执行的方法代码如下：

```
protected void Page_Load(object sender, EventArgs e)
{
  if (!IsPostBack)
  {
    //NewUser.aspx 页面传递过来的查询字符串变量 name 值非空
    if (Request.QueryString["name"] != null)
    {
      txtName.Text = Request.QueryString["name"];
      lblMsg.Text = "注册成功，请登录！";
    }
  }
}
```

⑤ 当用户单击"立即登录"按钮后，触发 Click 事件，此时，若页面通过验证，则调
用 CustomerService 类中的 CheckLogin()方法检查输入的用户名和密码是否正确。若用户名
和密码正确，则再判断用户类型，若为管理员，则建立 Session 变量 AdminId 和 AdminName，
并将页面重定向到~/Admin/Default.aspx；若为一般用户，则建立 Session 变量 CustomerId
和 CustomerName，并将页面重定向到~/Default.aspx。执行的方法代码如下：

```
protected void BtnLogin_Click(object sender, EventArgs e)
{
  if (Page.IsValid)
  {
    //调用 CustomerService 类中的 CheckLogin()方法检查输入的用户名和密码是否正确
    int customerId = customerSrv.CheckLogin(txtName.Text.Trim(),
```

```
     txtPwd.Text.Trim());
 if (customerId > 0)                           //用户名和密码正确
 {
   Session.Clear();                            //清空 Session 中保存的内容
   if (txtName.Text.Trim() == "admin")   //管理员登录
   {
     Session["AdminId"] = customerId;
     Session["AdminName"] = txtName.Text;
     Response.Redirect("~/Admin/Default.aspx");
   }
   else                                        //一般用户登录
   {
     Session["CustomerId"] = customerId;
     Session["CustomerName"] = txtName.Text;
     Response.Redirect("~/Default.aspx");
   }
 }
 else                                          //用户名或密码错误
 {
   lblMsg.Text = "用户名或密码错误！";
 }
   }
}
```

（4）在 Admin 文件夹中添加并设计 Default.aspx。

① 在 MyPetShop.Web 表示层项目的 Admin 文件夹中添加 Web 窗体 Default.aspx，切换到"设计"视图，通过"格式"→"附加样式表"命令分别附加 Styles\bootstrap.css 和 Styles\Style.css 文件。

② 切换到"源"视图，删除其中自动生成的<div>元素。将实验步骤 2 完成的 Default.aspx 中的整个<header>和<nav>元素内容复制到 Admin 文件夹中的 Default.aspx 的<form>元素内。

③ 在</nav>和</form>标记之间添加<section>元素，设置其 class 属性值为 mainbody。

④ 在<section>元素中添加一个<div>元素，设置其 class 属性值为 leftside。然后，参考下面整个<section>元素的源代码，在该<div>元素添加元素<a>和
，再在</div>和</section>标记之间添加一个<div>元素，设置其 class 属性值为 clear。需要说明的是，此处只是添加了功能链接，而未实现具体的后台管理功能。

```
<section class="mainbody">
  <div class="leftside">
  <a href="#">分类管理</a>
  <br />
  <br />
  <a href="#">供应商管理</a>
  <br />
  <br />
```

```
    <a href="#">商品管理</a>
    <br />
    <br />
    <a href="#">订单管理</a>
    <br />
    <br />
  </div>
  <%-- 下面<div>元素左右两侧均不允许其他浮动元素，并显示分隔线 --%>
  <div class="clear"></div>
</section>
```

（5）编写 Admin 文件夹下 Default.aspx.cs 中的方法代码。

① 将第 97～98 页完成的 Default.aspx.cs 中的 LnkbtnRegister_Click()、LnkbtnLogin_Click()、LnkbtnLogout_Click()方法代码复制到 Admin 文件夹下 Default.aspx.cs 内相应类中。

② 当 Web 窗体载入时，触发 Page.Load 事件，由于 Admin 文件夹下的页面只有管理员可以访问，所以，若未以管理员登录，则将页面重定向到~/Login.aspx，否则，显示欢迎信息、"系统管理"和"退出登录"链接按钮。执行的方法代码如下：

```
protected void Page_Load(object sender, EventArgs e)
{
  if (Session["AdminId"] == null)  //管理员用户未登录
  {
    Response.Redirect("~/Login.aspx");
  }
  else
  {
    lblWelcome.Text = "您好, " + Session["AdminName"].ToString();
    lnkbtnManage.Visible = true;
    lnkbtnLogout.Visible = true;
  }
}
```

（6）右击 MyPetShop.Web 表示层项目，选择"生成网站"命令从而编译整个 MyPetShop 应用程序。对于匿名用户，直接浏览 Default.aspx 进行测试；对于一般用户和管理员用户，浏览 Login.aspx，正确输入用户名和密码，再单击"立即登录"按钮后进行测试。

（7）在 MyPetShop.Web 表示层项目根文件夹下 Login.aspx.cs 文件中的"if (Page.IsValid)"语句处设置断点，按 F5 键启动调试，再通过按 F11 键逐条语句地执行程序，理解程序的执行过程。

5. 设计并实现 MyPetShop 应用程序的一般用户密码修改功能

（1）修改 CustomerService.cs 类文件。

① 打开 MyPetShop.BLL 业务逻辑层项目中的 CustomerService.cs 类文件。

② 建立 ChangePassword()方法，该方法根据用户 Id 修改对应用户的密码。代码如下：

```
public void ChangePassword(int customerId, string password)
```

```
{
    Customer customer = (from c in db.Customer
                        where c.CustomerId == customerId
                        select c).First();
    customer.Password = password;
    db.SubmitChanges();
}
```

（2）添加并设计 ChangePwd.aspx。

① 在 MyPetShop.Web 表示层项目中添加 Web 窗体 ChangePwd.aspx，切换到"设计"视图，通过"格式"→"附加样式表"命令分别附加 Styles\bootstrap.css 和 Styles\Style.css 文件。

② 切换到"源"视图，删除其中自动生成的<div>元素。将实验步骤 2 完成的 Default.aspx 中的整个<header>和<nav>元素内容复制到 ChangePwd.aspx 的<form>元素内。

③ 在</nav>和</form>标记之间添加<section>元素，设置其 class 属性值为 mainbody。

④ 在<section>元素中添加一个<div>元素，设置其 class 属性值为 leftside。切换到"设计"视图，如图 9-24 所示，在该<div>元素中添加一个用于布局的 7 行 3 列表格，合并相应的单元格；向相应的单元格中输入"修改密码""原密码：""新密码："和"确认新密码："，添加三个 TextBox 控件、三个 RequiredFieldValidator 控件、一个 CompareValidator 控件、一个 Button 控件和一个 Label 控件。

图 9-24　一般用户密码修改设计界面

⑤ 如表 9-4 所示，分别设置各控件的属性。

表 9-4　各控件的属性设置表

控　件	属　性　名	属　性　值	说　明
TextBox	ID	txtOldPwd	"原密码"文本框的编程名称
	TextMode	Password	设置"原密码"文本框为密码模式
RequiredFieldValidator	ID	rfvOldPwd	"必须输入验证"控件的编程名称
	ControlToValidate	txtOldPwd	验证"原密码"文本框
	Display	Dynamic	只有验证未通过时才占用空间
	ErrorMessage	必填	验证未通过时显示错误信息"必填"
	ForeColor	Red	验证未通过时显示红色的错误信息
TextBox	ID	txtPwd	"新密码"文本框的编程名称
	TextMode	Password	设置"新密码"文本框为密码模式
RequiredFieldValidator	ID	rfvPwd	"必须输入验证"控件的编程名称
	ControlToValidate	txtPwd	验证"新密码"文本框

控　件	属　性　名	属　性　值	说　明
RequiredFieldValidator	Display	Dynamic	只有验证未通过时才占用空间
	ErrorMessage	必填	验证未通过时显示错误信息"必填"
	ForeColor	Red	验证未通过时显示红色的错误信息
TextBox	ID	txtPwdAgain	"确认新密码"文本框的编程名称
	TextMode	Password	设置"确认新密码"文本框为密码模式
RequiredFieldValidator	ID	rfvPwdAgain	"必须输入验证"控件的编程名称
	ControlToValidate	txtPwdAgain	验证"确认新密码"文本框
	Display	Dynamic	只有验证未通过时才占用空间
	ErrorMessage	必填	验证未通过时显示错误信息"必填"
	ForeColor	Red	验证未通过时显示红色的错误信息
CompareValidator	ID	cvPwd	"比较验证"控件的编程名称
	ControlToCompare	txtPwd	与"新密码"文本框比较
	ControlToValidate	txtPwdAgain	验证"确认新密码"文本框
	Display	Dynamic	只有验证未通过时才占用空间
	ErrorMessage	2 次新密码不一致!	验证未通过时显示的错误信息
	ForeColor	Red	验证未通过时显示红色的错误信息
Button	ID	btnChangePwd	"确认修改"按钮控件的编程名称
	Text	确认修改	"确认修改"按钮控件上显示的文本
Label	ID	lblMsg	显示提示信息的 Label 控件的编程名称
	ForeColor	Red	显示红色的提示信息
	Text	空	初始不显示任何内容

⑥ 切换到"源"视图，删除多余的<td>元素。

⑦ 在</div>和</section>标记之间添加一个<div>元素，设置其 class 属性值为 clear，这样，可使新建<div>元素的左右两侧均不允许其他浮动元素，并显示分隔线。

⑧ 设计完成后，整个<section>元素的源代码如下：

```
<section class="mainbody">
  <div class="leftside">
    <table>
      <tr>
        <td class="tdcenter" colspan="2">修改密码</td>
      </tr>
      <tr>
        <td class="tdright">原密码:</td>
        <td>
          <asp:TextBox ID="txtOldPwd" runat="server" TextMode="Password">
          </asp:TextBox></td>
        <td>
          <asp:RequiredFieldValidator ControlToValidate="txtOldPwd"
            Display="Dynamic" ForeColor="Red" ID="rfvOldPwd" runat="server"
            ErrorMessage="必填"></asp:RequiredFieldValidator></td>
```

```
      </tr>
      <tr>
       <td class="tdright">新密码:</td>
       <td>
        <asp:TextBox ID="txtPwd" runat="server" TextMode="Password">
        </asp:TextBox></td>
       <td>
        <asp:RequiredFieldValidator ControlToValidate="txtPwd"
         Display="Dynamic" ForeColor="Red" ID="rfvPwd" runat="server"
         ErrorMessage="必填"></asp:RequiredFieldValidator></td>
      </tr>
      <tr>
       <td class="tdright">确认新密码:</td>
       <td>
        <asp:TextBox ID="txtPwdAgain" runat="server" TextMode="Password">
        </asp:TextBox></td>
       <td>
        <asp:RequiredFieldValidator ControlToValidate="txtPwdAgain"
         Display="Dynamic" ForeColor="Red" ID="rfvPwdAgain"
         runat="server" ErrorMessage="必填">
        </asp:RequiredFieldValidator></td>
      </tr>
      <tr>
       <td class="tdright" colspan="2">
        <asp:CompareValidator ControlToValidate="txtPwdAgain"
         ControlToCompare="txtPwd" Display="Dynamic" ForeColor="Red"
         ID="cvPwd" runat="server" ErrorMessage="2 次新密码不一致">
        </asp:CompareValidator></td>
      </tr>
      <tr>
       <td class="tdright" colspan="2">
        <asp:Button ID="btnChangePwd" runat="server" Text="确认修改"
         OnClick="BtnChangePwd_Click" /></td>
      </tr>
      <tr>
       <td colspan="2">
        <asp:Label ID="lblMsg" runat="server" ForeColor="Red">
        </asp:Label></td>
      </tr>
     </table>
   </div>
   <%-- 下面<div>元素左右两侧均不允许其他浮动元素，并显示分隔线 --%>
   <div class="clear"></div>
</section>
```

（3）编写 ChangePwd.aspx.cs 中的方法代码。

① 导入 MyPetShop.BLL 命名空间。

② 在所有方法代码外声明 CustomerService 类实例，使得该对象可在多个方法中使用。代码如下：

```
CustomerService customerSrv = new CustomerService();
```

③ 将第 97～98 页完成的 Default.aspx.cs 中的 LnkbtnRegister_Click()、LnkbtnLogin_Click()、LnkbtnLogout_Click()方法代码复制到 ChangePwd.aspx.cs 内相应类中。

④ 当 Web 窗体载入时，触发 Page.Load 事件，若一般用户未登录，则将页面重定向到~/Login.aspx 以便一般用户登录，否则，呈现一般用户登录欢迎信息和相应的权限。执行的方法代码如下：

```
protected void Page_Load(object sender, EventArgs e)
{
  if (Session["CustomerId"] == null)  //用户未登录
  {
    Response.Redirect("~/Login.aspx");
  }
  else
  {
    lblWelcome.Text = "您好, " + Session["CustomerName"].ToString();
    lnkbtnPwd.Visible = true;
    lnkbtnOrder.Visible = true;
    lnkbtnLogout.Visible = true;
  }
}
```

⑤ 当用户单击"确认修改"按钮后，触发 Click 事件，此时，若页面通过验证，则调用 CustomerService 类中的 CheckLogin()方法检查输入的一般用户名和原密码是否正确。若一般用户名和原密码正确，则再调用 CustomerService 类中的 ChangePassword()方法修改相应用户的密码，否则，显示"原密码不正确！"提示信息。执行的方法代码如下：

```
protected void BtnChangePwd_Click(object sender, EventArgs e)
{
  if (Page.IsValid)
  {
    //调用 CustomerService 类中的 CheckLogin()方法检查 Session 变量 CustomerName
    //关联的用户名和输入的原密码，返回值大于 0 表示输入的原密码正确
    if (customerSrv.CheckLogin(Session["CustomerName"].ToString(),
      txtOldPwd.Text) > 0)
    {
      customerSrv.ChangePassword(Convert.ToInt32(Session["CustomerId"]),
        txtPwd.Text);
      lblMsg.Text = "密码修改成功！";
```

```
        }
        else                          //输入的原密码不正确
        {
          lblMsg.Text = "原密码不正确！";
        }
    }
}
```

（4）右击 MyPetShop.Web 表示层项目，选择"生成网站"命令从而编译整个 MyPetShop 应用程序。浏览 ChangePwd.aspx 或直接浏览 Login.aspx，以一般用户登录，单击"密码修改"链接按钮后进行一般用户密码修改测试。

（5）在 ChangePwd.aspx.cs 文件中的"if (Page.IsValid)"语句处设置断点，按 F5 键启动调试，再通过按 F11 键逐条语句地执行程序，理解程序的执行过程。

6. 设计并实现 MyPetShop 应用程序的一般用户密码重置功能

（1）在 Web.config 中添加发件人邮箱信息。

打开 MyPetShop.Web 表示层项目中的 Web.config 文件，在<configuration>配置节中添加发件人邮箱（以 QQ 邮箱为例）信息。代码如下：

```
<appSettings>
  <!--设置发件人邮箱（以 QQ 邮箱为例）信息，注意请使用自己的邮箱并修改相应的键值。其中，
   MailFromAddress 表示发件人邮箱，UseSsl 值为 true 表示使用 SSL 协议连接，UserName
   表示发件人邮箱的账户名，Password 表示授权码（跟邮箱密码不相同），ServerName 表示发
   送邮件的 SMTP 服务器名，ServerPort 表示 SMTP 服务器名的端口号-->
  <add key="MailFromAddress" value="3272344648@qq.com" />
  <add key="UseSsl" value="true" />
  <add key="UserName" value="3272344648" />
  <add key="Password" value="srzwlgkfypxddaga" />
  <add key="ServerName" value="smtp.qq.com" />
  <add key="ServerPort" value="587" />
</appSettings>
```

（2）建立 EmailSender.cs 类文件。

① 在 MyPetShop.Web 表示层项目下的 App_Code 文件夹中新建 EmailSender.cs 类文件。

② 分别导入 System.Configuration、System.Net、System.Net.Mail 等命名空间。代码如下：

```
using System.Configuration;
using System.Net;
using System.Net.Mail;
```

③ 在所有方法代码外声明多个用于获取<appSettings>配置节中相应键值的 private 变量，使得这些变量能在 EmailSender 类的多个方法中使用。代码如下：

```
private string mailFromAddress =
  ConfigurationManager.AppSettings["MailFromAddress"];
private bool useSsl =
```

```
bool.Parse(ConfigurationManager.AppSettings["UseSsl"]);
private string userName = ConfigurationManager.AppSettings["UserName"];
private string password = ConfigurationManager.AppSettings["Password"];
private string serverName =
 ConfigurationManager.AppSettings["ServerName"];
private int serverPort =
 int.Parse(ConfigurationManager.AppSettings["ServerPort"]);
private string findPassword;           //用于存储重置后的密码
private string mailToAddress = "";     //用于存储收件人邮箱
```

④ 建立 EmailSender()构造函数，使得实例化 EmailSender 类时能将收件人邮箱、重置后的密码等参数值传递给实例化对象。代码如下：

```
public EmailSender(string address, string pwd)
{
  mailToAddress = address;
  findPassword = pwd;
}
```

⑤ 建立 Send()方法，该方法根据设置的 SMTP 服务器名、端口号、账户名、授权码等信息发送包含发件人邮箱、收件人邮箱、电子邮件主题、电子邮件内容等信息的邮件。代码如下：

```
public void Send()
{
  //新建 SmtpClient 类实例 smtpClient 对象，using 语句块结束时释放 smtpClient 对象
  using (var smtpClient = new SmtpClient())
  {
    //设置是否使用 SSL 协议连接
    smtpClient.EnableSsl = useSsl;
    //设置 SMTP 服务器名
    smtpClient.Host = serverName;
    //设置 SMTP 服务器的端口号
    smtpClient.Port = serverPort;
    //设置 SMTP 服务器发送邮件的凭据（用户名和授权码）
    smtpClient.Credentials = new NetworkCredential(userName, password);
    string body = "您登录 MyPetShop 的密码已重置为：" + findPassword;
    MailMessage mailMessage = new MailMessage(
                  mailFromAddress,            //发件人邮箱
                  mailToAddress,              //收件人邮箱
                  "MyPetShop 用户密码重置",      //电子邮件主题
                  body);                      //电子邮件内容
    //调用 smtpClient 对象的 Send()方法发送邮件
    smtpClient.Send(mailMessage);
  }
}
```

（3）添加并设计 GetPwd.aspx。

① 在 MyPetShop.Web 表示层项目中添加 Web 窗体 GetPwd.aspx，切换到"设计"视图，通过"格式"→"附加样式表"命令分别附加 Styles\bootstrap.css 和 Styles\Style.css 文件。

② 切换到"源"视图，删除其中自动生成的<div>元素。将实验步骤 2 完成的 Default.aspx 中的整个<header>和<nav>元素内容复制到 GetPwd.aspx 的<form>元素内。

③ 在</nav>和</form>标记之间添加<section>元素，设置其 class 属性值为 mainbody。

④ 在<section>元素中添加一个<div>元素，设置其 class 属性值为 leftside。切换到"设计"视图，如图 9-25 所示，在该<div>元素中添加一个用于布局的 7 行 3 列表格，合并相应的单元格；向相应的单元格中输入"找回密码""用户名:""邮箱:"和"找回密码，需要验证邮箱!"，添加两个 TextBox 控件、两个 RequiredFieldValidator 控件、一个 RegularExpressionValidator 控件、一个 Button 控件、一个 Label 控件。

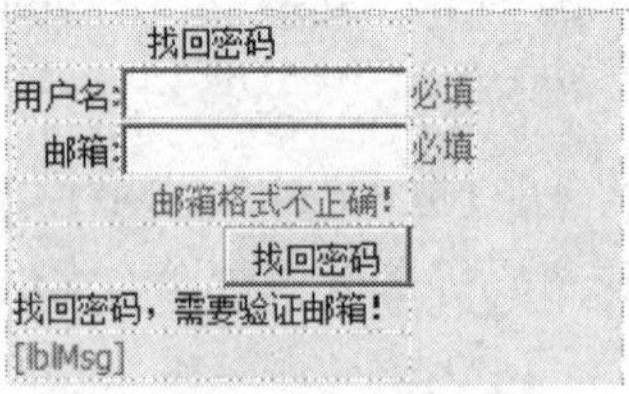

图 9-25　一般用户密码重置设计界面

⑤ 如表 9-5 所示，分别设置各控件的属性。

表 9-5　各控件的属性设置表

控　件	属　性　名	属　性　值	说　　明
TextBox	ID	txtName	"用户名"文本框的编程名称
RequiredFieldValidator	ID	rfvName	"必须输入验证"控件的编程名称
	ControlToValidate	txtName	验证"用户名"文本框
	Display	Dynamic	只有验证未通过时才占用空间
	ErrorMessage	必填	验证未通过时显示错误信息"必填"
	ForeColor	Red	验证未通过时显示红色的错误信息
TextBox	ID	txtEmail	"邮箱"文本框的编程名称
RequiredFieldValidator	ID	rfvEmail	"必须输入验证"控件的编程名称
	ControlToValidate	txtEmail	验证"邮箱"文本框
	Display	Dynamic	只有验证未通过时才占用空间
	ErrorMessage	必填	验证未通过时显示错误信息"必填"
	ForeColor	Red	验证未通过时显示红色的错误信息
RegularExpression-Validator	ID	revEmail	"规则表达式验证"控件的编程名称
	ControlToValidate	txtEmail	验证"邮箱"文本框
	Display	Dynamic	只有验证未通过时才占用空间
	ErrorMessage	邮箱格式不正确!	验证未通过时显示的错误信息
	ForeColor	Red	验证未通过时显示红色的错误信息
	ValidationExpression	\w+([-+.']\w+)*@\w+([-.]\w+)*\.\w+([-.]\w+)*	表达式为邮箱格式
Button	ID	btnResetPwd	"找回密码"按钮控件的编程名称
	Text	找回密码	"找回密码"按钮控件上显示的文本
Label	ID	lblMsg	显示提示信息的 Label 控件的编程名称
	ForeColor	Red	显示红色的提示信息
	Text	空	初始不显示任何内容

⑥ 切换到"源"视图,删除多余的<td>元素。

⑦ 在</div>和</section>标记之间添加一个<div>元素,设置其 class 属性值为 clear,这样,可使新建<div>元素的左右两侧均不允许其他浮动元素,并显示分隔线。

⑧ 设计完成后,整个<section>元素的源代码如下:

```
<section class="mainbody">
  <div class="leftside">
    <table>
      <tr>
        <td class="tdcenter" colspan="2">找回密码</td>
      </tr>
      <tr>
        <td class="tdright">用户名:</td>
        <td>
          <asp:TextBox ID="txtName" runat="server"></asp:TextBox></td>
        <td>
          <asp:RequiredFieldValidator ControlToValidate="txtName"
          Display="Dynamic" ForeColor="Red" ID="rfvName" runat="server"
          ErrorMessage="必填"></asp:RequiredFieldValidator></td>
      </tr>
      <tr>
        <td class="tdright">邮箱:</td>
        <td>
          <asp:TextBox ID="txtEmail" runat="server"></asp:TextBox></td>
        <td>
          <asp:RequiredFieldValidator ControlToValidate="txtEmail"
          Display="Dynamic" ForeColor="Red" ID="rfvEmail" runat="server"
          ErrorMessage="必填"></asp:RequiredFieldValidator></td>
      </tr>
      <tr>
        <td class="tdright" colspan="2">
          <asp:RegularExpressionValidator ID="revEmail" runat="server"
          ErrorMessage="邮箱格式不正确!" ControlToValidate="txtEmail"
          Display="Dynamic" ForeColor="Red"
          ValidationExpression="\w+([-+.']\w+)*@\w+([-.]\w+)*\.\w+([-.]\w+)*">
          </asp:RegularExpressionValidator></td>
      </tr>
      <tr>
        <td class="tdright" colspan="2">
          <asp:Button ID="btnResetPwd" runat="server" Text="找回密码"
          OnClick="BtnResetPwd_Click" /></td>
      </tr>
      <tr>
        <td colspan="2">找回密码,需要验证邮箱!</td>
      </tr>
```

```
    <tr>
      <td colspan="2">
        <asp:Label ID="lblMsg" runat="server" ForeColor="Red">
          </asp:Label></td>
      </tr>
    </table>
  </div>
  <%-- 下面<div>元素左右两侧均不允许其他浮动元素，并显示分隔线 --%>
  <div class="clear"></div>
</section>
```

（4）编写 GetPwd.aspx.cs 中的方法代码。

① 导入 MyPetShop.BLL 命名空间。

② 在所有方法代码外声明 CustomerService 类实例，使得该对象可在多个方法中使用。
代码如下：

```
CustomerService customerSrv = new CustomerService();
```

③ 将第 97~98 页完成的 Default.aspx.cs 中的 LnkbtnRegister_Click()、LnkbtnLogin_Click()、LnkbtnLogout_Click()方法代码复制到 GetPwd.aspx.cs 内相应类中。

④ 当用户单击"找回密码"按钮后，触发 Click 事件，当页面通过验证且输入的用户名和邮箱均正确时，调用 CustomerService 类中的 ResetPassword()方法重置用户密码为用户名，再调用自定义的 EmailSender 类中的 Send()方法发送包含重置密码的邮件。执行的方法代码如下：

```
protected void BtnResetPwd_Click(object sender, EventArgs e)
{
  if (Page.IsValid)
  {
    //调用 CustomerService 类中的 IsNameExist()方法判断输入的用户名是否存在
    if (!customerSrv.IsNameExist(txtName.Text.Trim()))
    {
      lblMsg.Text = "用户名不存在！";
    }
    else
    {
      //调用 CustomerService 类中的 IsEmailExist()方法判断输入的邮箱是否正确
      if (!customerSrv.IsEmailExist(txtName.Text.Trim(),
       txtEmail.Text.Trim()))
      {
        lblMsg.Text = "邮箱不正确！";
      }
      else
      {
```

```
      //调用 CustomerService 类中的 ResetPassword()方法重置用户密码为用户名
      customerSrv.ResetPassword(txtName.Text.Trim(),
        txtEmail.Text.Trim());
      //新建自定义的 EmailSender 类实例 emailSender 对象
      EmailSender emailSender = new EmailSender(txtEmail.Text.Trim(),
        txtName.Text.Trim());
      //调用自定义的 EmailSender 类中的 Send()方法发送邮件
      emailSender.Send();
      lblMsg.Text = "密码已发送至邮箱！";
    }
  }
 }
}
```

（5）右击 MyPetShop.Web 表示层项目，选择"生成网站"命令从而编译整个 MyPetShop 应用程序。浏览 Login.aspx，单击"忘记密码？"链接，输入用户名和邮箱进行一般用户密码重置测试。

（6）在 GetPwd.aspx.cs 文件中的"if(Page.IsValid)"语句处设置断点，按 F5 键启动调试，再通过按 F11 键逐条语句地执行程序，理解程序的执行过程。

7. 设计并实现 MyPetShop 应用程序的购物车功能

（1）在 Styles\Style.css 文件中添加新的样式。

打开 Styles\Style.css 文件，在其中添加.rightside 类选择器。代码如下：

```
.rightside { width: 533px; float: right; padding-bottom: 4px; }
```

（2）建立 CartItemService.cs 类文件。

① 在 MyPetShop.BLL 业务逻辑层项目中新建 CartItemService.cs 类文件。

② 导入 MyPetShop.DAL 命名空间。代码如下：

```
using MyPetShop.DAL;
```

③ 在所有方法代码外声明一个 MyPetShopDataContext 类实例，使得该对象可在多个方法中使用。代码如下：

```
MyPetShopDataContext db = new MyPetShopDataContext();
```

④ 建立 Insert()方法，该方法向 MyPetShop 数据库中的 CartItem 表插入新购商品，并返回该新购商品对象。代码如下：

```
public CartItem Insert(int customerId, int productId, int qty)
{
  CartItem cartItem = null;
  Product product = (from p in db.Product
                     where p.ProductId == productId
                     select p).First();
```

```
//新建当前需要添加的 CartItem 对象
cartItem = new CartItem
{
  CustomerId = customerId,
  ProId = product.ProductId,
  ProName = product.Name,
  ListPrice = (decimal)product.ListPrice,
  Qty = qty
};
//若当前商品已在当前用户的购物车内，则只要增加相应商品的数量
int ExistCartItemCount = (from c in db.CartItem
                where c.CustomerId == customerId && c.ProId == productId
                select c).Count();
if (ExistCartItemCount > 0)   //当前商品已在当前用户的购物车内
{
  CartItem existCartItem = (from c in db.CartItem
                where c.CustomerId == customerId && c.ProId == productId
                select c).First();
  existCartItem.Qty += qty;   //增加相应商品的数量
}
else
{
  db.CartItem.InsertOnSubmit(cartItem);
}
db.SubmitChanges();
return cartItem;
}
```

⑤ 建立 Update()方法，该方法根据指定的数量更改当前用户购物车中指定商品的数量，并返回该商品对象。代码如下：

```
public CartItem Update(int customerId, int productId, int qty)
{
  CartItem cartItem = null;
  //在当前用户购物车内查找指定的商品，并根据指定的数量 qty 修改该商品的数量。其中，
  //若 qty<=0，则删除该商品
  cartItem = (from c in db.CartItem
          where c.CustomerId == customerId && c.ProId == productId
          select c).First();
  if (cartItem != null)
  {
    cartItem.Qty = qty;
    if (cartItem.Qty <= 0)
```

```
    {
      db.CartItem.DeleteOnSubmit(cartItem);
    }
    db.SubmitChanges();
  }
  return cartItem;
}
```

⑥ 建立 Delete()方法，该方法删除当前用户购物车中指定商品编号的商品。代码如下：

```
public void Delete(int customerId, int productId)
{
  CartItem cartItem = (from c in db.CartItem
            where c.CustomerId == customerId && c.ProId == productId
            select c).First();
  if (cartItem != null)
  {
    db.CartItem.DeleteOnSubmit(cartItem);
    db.SubmitChanges();
  }
}
```

⑦ 建立 Clear()方法，该方法清除当前用户购物车中所有商品。代码如下：

```
public void Clear(int customerId)
{
  List<CartItem> cartItemList = (from c in db.CartItem
                  where c.CustomerId == customerId
                  select c).ToList();
  foreach (CartItem cartItem in cartItemList)
  {
    db.CartItem.DeleteOnSubmit(cartItem);
  }
  db.SubmitChanges();
}
```

⑧ 建立 GetCartItemByCustomerId()方法，该方法获取指定用户购物车中所有商品的列表。代码如下：

```
public List<CartItem> GetCartItemByCustomerId(int customerId)
{
  return (from c in db.CartItem
          where c.CustomerId == customerId
          select c).ToList();
}
```

⑨ 建立 GetTotalPriceByCustomerId()方法，该方法获取指定用户购物车中商品的总价。代码如下：

```
public decimal GetTotalPriceByCustomerId(int customerId)
{
  List<CartItem> list = (from c in db.CartItem
                         where c.CustomerId == customerId
                         select c).ToList();
  return list.Sum(c => c.ListPrice * c.Qty);
}
```

（3）修改 ProductService.cs 类文件。

① 打开 MyPetShop.BLL 业务逻辑层项目中的 ProductService.cs 类文件。

② 建立 GetProductByProductId()方法，该方法查找指定商品编号的商品，并返回满足条件的商品对象。代码如下：

```
public Product GetProductByProductId(int productId)
{
  return (from p in db.Product
          where p.ProductId == productId
          select p).First();
}
```

（4）添加并设计 ShopCart.aspx。

① 在 MyPetShop.Web 表示层项目中添加 Web 窗体 ShopCart.aspx，切换到"设计"视图，通过"格式"→"附加样式表"命令分别附加 Styles\bootstrap.css 和 Styles\Style.css 文件。

② 切换到"源"视图，删除其中自动生成的<div>元素。将实验步骤 2 完成的 Default.aspx 中的整个<header>和<nav>元素内容复制到 ShopCart.aspx 的<form>元素内。

③ 在</nav>和</form>标记之间添加<section>元素，设置其 class 属性值为 mainbody。

④ 在<section>元素中添加一个<div>元素，设置其 class 属性值为 rightside。切换到"设计"视图，如图 9-26 所示，在该<div>元素中添加一个 Panel 控件，然后在该 Panel 控件中添加一个 GridView 控件、两个 Label 控件，输入"总价："，再添加一个 Label 控件、四个 Button 控件。最后，在 Panel 控件外添加一个 Label 控件。

	商品ID	商品名称	商品价格	购买数量
☐	数据绑定	数据绑定	数据绑定	数据绑
☐	数据绑定	数据绑定	数据绑定	数据绑
☐	数据绑定	数据绑定	数据绑定	数据绑
☐	数据绑定	数据绑定	数据绑定	数据绑
☐	数据绑定	数据绑定	数据绑定	数据绑

[lblError]
[lblHint]
总价：[lblTotalPrice]　删除商品　清空购物车　重新计算　结算
[lblCart]

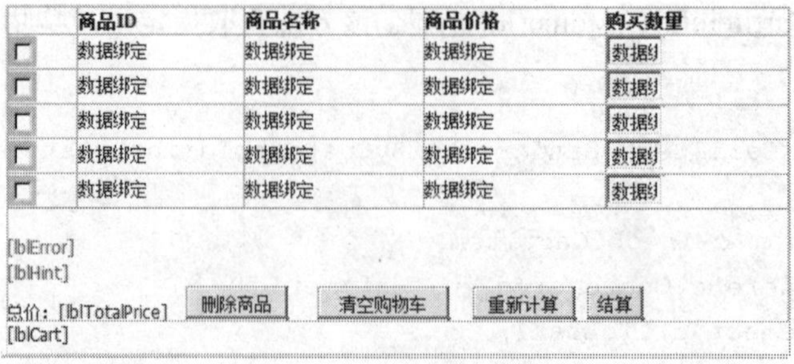

图 9-26　购物车设计界面

⑤ 如表 9-6 所示，分别设置各控件的属性。

表 9-6 各控件的属性设置表

控 件	属 性 名	属 性 值	说 明
Panel	ID	pnlCart	Panel 控件的编程名称
GridView	ID	gvCart	GridView 控件的编程名称
	AutoGenerateColumns	False	不自动生成列
	Width	100%	宽度为 100%
Label	ID	lblError	显示库存不足信息的 Label 控件的编程名称
	ForeColor	Red	显示红色的信息
	Text	空	初始不显示任何内容
Label	ID	lblHint	显示温馨提示信息的 Label 控件的编程名称
	ForeColor	Green	显示绿色的信息
	Text	空	初始不显示任何内容
Label	ID	lblTotalPrice	显示总价信息的 Label 控件的编程名称
	Text	空	初始不显示任何内容
Button	ID	btnDelete	"删除商品"按钮控件的编程名称
	Text	删除商品	"删除商品"按钮控件上显示的文本
Button	ID	btnClear	"清空购物车"按钮控件的编程名称
	Text	清空购物车	"清空购物车"按钮控件上显示的文本
Button	ID	btnComputeAgain	"重新计算"按钮控件的编程名称
	Text	重新计算	"重新计算"按钮控件上显示的文本
Button	ID	btnSettle	"结算"按钮控件的编程名称
	Text	结算	"结算"按钮控件上显示的文本
Label	ID	lblCart	显示购物车信息的 Label 控件的编程名称
	Text	空	初始不显示任何内容

⑥ 如图 9-27 所示，在 gvCart 控件的 Columns 属性设置对话框中添加一个 TemplateField 字段"复选框列"、三个 BoundField 字段和一个 TemplateField 字段"购买数量"。

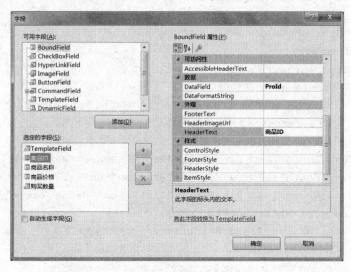

图 9-27 gvCart 控件的 Columns 属性设置对话框

⑦ 在图 9-27 中，如表 9-7 所示分别设置三个 BoundField 字段和一个 TemplateField 字段"购买数量"的属性。

表 9-7 字段属性设置表

列　　名	属 性 名	属 性 值	说　　明
商品 ID	DataField	ProId	绑定到 CartItem 表中的 ProId 字段
	HeaderText	商品 ID	表头的列名称
商品名称	DataField	ProName	绑定到 CartItem 表中的 ProName 字段
	HeaderText	商品名称	表头的列名称
商品价格	DataField	ListPrice	绑定到 CartItem 表中的 ListPrice 字段
	DataFormatString	{0:c}	以货币格式显示价格
	HeaderText	商品价格	表头的列名称
购买数量	HeaderText	购买数量	表头的列名称

⑧ 切换到"设计"视图，单击 gvCart 控件的智能标记，选择"编辑模板"命令，如图 9-28 所示在 TemplateField 字段"复选框列"的 ItemTemplate 中添加一个 CheckBox 控件，再设置其 ID 属性值为 chkProduct。之后，在 TemplateField 字段"购买数量"的 ItemTemplate 中添加一个 TextBox 控件，设置其 ID 属性值为 txtQty，再绑定 txtQty 控件的 Text 属性的代码表达式为"Bind("Qty")"。

图 9-28　模板设计界面

⑨ 切换到"源"视图，在</div>和</section>标记之间添加一个<div>元素，设置其 class 属性值为 clear，这样，可使新建<div>元素的左右两侧均不允许其他浮动元素，并显示分隔线。

⑩ 设计完成后，整个<section>元素的源代码如下：

```
<section class="mainbody">
  <div class="rightside">
    <asp:Panel ID="pnlCart" runat="server">
      <asp:GridView ID="gvCart" runat="server" Width="100%"
       AutoGenerateColumns="False">
      <Columns>
        <asp:TemplateField>
          <ItemTemplate>
            <asp:CheckBox ID="chkProduct" runat="server" />
          </ItemTemplate>
        </asp:TemplateField>
        <asp:BoundField DataField="ProId" HeaderText="商品 ID" />
        <asp:BoundField DataField="ProName" HeaderText="商品名称" />
        <asp:BoundField DataField="ListPrice" HeaderText="商品价格"
         DataFormatString="{0:c}" />
        <asp:TemplateField HeaderText="购买数量">
          <ItemTemplate>
            <asp:TextBox ID="txtQty" runat="server"
```

```
            Text='<%# Bind("Qty") %>' Width="30"></asp:TextBox>
         </ItemTemplate>
       </asp:TemplateField>
      </Columns>
    </asp:GridView>
    <br />
    <asp:Label ID="lblError" runat="server" ForeColor="Red">
    </asp:Label><br />
    <asp:Label ID="lblHint" runat="server" ForeColor="Green">
    </asp:Label><br />
    总价: <asp:Label ID="lblTotalPrice" runat="server"></asp:Label>
      
    <asp:Button ID="btnDelete" runat="server" Text="删除商品"
     OnClick="BtnDelete_Click" />
        
    <asp:Button ID="btnClear" runat="server" Text="清空购物车"
     OnClick="BtnClear_Click" />
       
    <asp:Button ID="btnComputeAgain" runat="server" Text="重新计算"
     OnClick="BtnComputeAgain_Click" />
     
    <asp:Button ID="btnSettle" runat="server" Text="结算"
     OnClick="BtnSettle_Click" />
   </asp:Panel>
   <asp:Label ID="lblCart" runat="server"></asp:Label>
  </div>
  <%-- 下面<div>元素左右两侧均不允许其他浮动元素，并显示分隔线 --%>
  <div class="clear"></div>
</section>
```

（5）编写 ShopCart.aspx.cs 中的方法代码。

① 导入 MyPetShop.BLL 命名空间。

② 在所有方法代码外声明 CartItemService 和 ProductService 类实例，使得这些对象可在多个方法中使用。代码如下：

```
CartItemService cartSrv = new CartItemService();
ProductService productSrv = new ProductService();
```

③ 将第 97～98 页完成的 Default.aspx.cs 中的 LnkbtnRegister_Click()、LnkbtnLogin_Click()、LnkbtnLogout_Click()方法代码复制到 ShopCart.aspx.cs 内相应类中。

④ 当 Web 窗体载入时，触发 Page.Load 事件，若一般用户未登录，则将页面重定向到~/Login.aspx 以便一般用户登录，否则，呈现一般用户登录欢迎信息和相应的权限。之后，判断从首页 Default.aspx 传递过来的 ProductId 是否为空值，若非空，则获取 ProductId 值，再将 ProductId 值对应的商品信息添加到购物车。最后，显示当前用户购物车中包含的所有商品信息。执行的方法代码如下：

```
protected void Page_Load(object sender, EventArgs e)
{
  if (!IsPostBack)
  {
    if (Session["CustomerId"] == null)    //一般用户未登录
    {
      Response.Redirect("~/Login.aspx");
    }
    else
    {
      lblWelcome.Text = "您好, " + Session["CustomerName"].ToString();
      lnkbtnPwd.Visible = true;
      lnkbtnOrder.Visible = true;
      lnkbtnLogout.Visible = true;
    }
    if (Request.QueryString["ProductId"] != null)
    {
      int productId = int.Parse(Request.QueryString["ProductId"]);
      //调用CartItemService类中的Insert()方法将指定商品号的商品添加到当前用户购物车
      cartSrv.Insert(Convert.ToInt32(Session["CustomerId"]), productId, 1);
    }
    lblHint.Text = "温馨提示：更改购买数量后，请单击'重新计算'按钮进行更新！";
    Bind();    //调用自定义方法，显示当前用户购物车中的所有商品
  }
}
```

⑤ 建立自定义方法 Bind()，该方法用于显示当前用户购物车中的所有商品。代码如下：

```
protected void Bind()              //自定义方法，本行应自行输入
{
  //调用 CartItemService 类中的 GetTotalPriceByCustomerId()方法获取当前用户购物
  //车中所有商品的总价
  lblTotalPrice.Text = cartSrv.GetTotalPriceByCustomerId(Convert.ToInt32(
    Session["CustomerId"])).ToString();
  //调用 CartItemService 类中的 GetCartItemByCustomerId()方法获取当前用户购物
  //车中的所有商品
  gvCart.DataSource = cartSrv.GetCartItemByCustomerId(Convert.ToInt32(
    Session["CustomerId"]));
  gvCart.DataBind();
  if (gvCart.Rows.Count != 0)    //当前用户购物车中有商品
  {
    pnlCart.Visible = true;
    lblCart.Text = "";
  }
  Else                         //当前用户购物车中无商品
```

```
    {
      pnlCart.Visible = false;
      lblCart.Text = "购物车内无商品，请先购物！";
    }
  }
```

⑥ 当用户单击"删除商品"按钮后，触发 Click 事件，此时，循环利用 FindControl() 方法找到 CheckBox 控件 chkProduct，然后判断其 Checked 值，若为 true，则调用 CartItemService 类中的 Delete()方法删除当前用户购物车内被选中的商品。执行的方法代码如下：

```
protected void BtnDelete_Click(object sender, EventArgs e)
{
  int productId = 0;
  for (int i = 0; i < gvCart.Rows.Count; i++)
  {
    CheckBox chkProduct = new CheckBox();
    chkProduct = (CheckBox)gvCart.Rows[i].FindControl("chkProduct");
    if (chkProduct != null)
    {
      if (chkProduct.Checked)
      {
        productId = int.Parse(gvCart.Rows[i].Cells[1].Text);
        //调用 CartItemService 类中的 Delete()方法删除当前用户购物车中指定商品编号
        //的商品
        cartSrv.Delete(Convert.ToInt32(Session["CustomerId"]), productId);
      }
    }
  }
  Bind();    //调用自定义方法，显示当前用户购物车中的所有商品
}
```

⑦ 当用户单击"清空购物车"按钮后，触发 Click 事件，清除当前用户购物车中的所有商品，再将页面重定向到首页 Default.aspx。执行的方法代码如下：

```
protected void BtnClear_Click(object sender, EventArgs e)
{
  //调用 CartItemService 类中的 Clear()方法清除当前用户购物车中的所有商品
  cartSrv.Clear(Convert.ToInt32(Session["CustomerId"]));
  Response.Redirect("Default.aspx");
}
```

⑧ 当用户单击"重新计算"按钮后，触发 Click 事件，根据输入的商品购买数量更新当前用户购物车中的商品信息。执行的方法代码如下：

```
protected void BtnComputeAgain_Click(object sender, EventArgs e)
```

```
{
  lblError.Text = "";
  //循环利用 FindControl()找到 TextBox 控件 txtQty，然后判断其是否为空值，若非空，
  //则通过调用 ProductService 类中的 GetProductByProductId()方法查找 txtQty 所在
  //行商品编号确定的商品，以便比较 txtQty 中的输入值和商品的库存量
  for (int i = 0; i < gvCart.Rows.Count; i++)
  {
    TextBox txtQty = new TextBox();
    txtQty = (TextBox)gvCart.Rows[i].FindControl("txtQty");
    if (txtQty != null)
    {
      var product = productSrv.GetProductByProductId(
        Convert.ToInt32(gvCart.Rows[i].Cells[1].Text));
      if (int.Parse(txtQty.Text) > product.Qty)  //库存不足
      {
        lblError.Text += "Error: 库存不足，商品名为 " + product.Name
          + " 的库存数量为 " + product.Qty.ToString() + "<br />";
      }
      else
      {
        //调用 CartItemService 类中的 Update()方法更新当前用户购物车中商品的购买数量
        cartSrv.Update(Convert.ToInt32(Session["CustomerId"]),
          product.ProductId, Convert.ToInt32(txtQty.Text));
      }
    }
  }
  Bind();  //调用自定义方法，显示当前用户购物车中的所有商品
}
```

⑨ 当用户单击"结算"按钮后，触发 Click 事件，若一般用户已登录，则将页面转到订单地址提交页面，否则转到用户登录页面。执行的方法代码如下：

```
protected void BtnSettle_Click(object sender, EventArgs e)
{
  if (Session["CustomerId"] != null)  //一般用户已登录
  {
    Response.Redirect("SubmitCart.aspx");
  }
  else                                //一般用户未登录
  {
    Response.Redirect("Login.aspx");
  }
}
```

（6）如图 9-29 所示，在 MyPetShop.BLL 业务逻辑层项目中添加 System.Transactions 程序集（命名空间），从而能在该项目使用数据库事务。

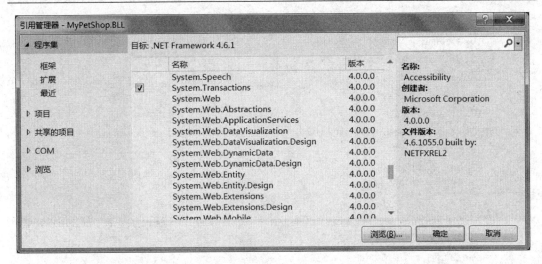

图 9-29　MyPetShop.BLL 业务逻辑层项目中添加 System.Transactions 程序集对话框

（7）建立 OrderService.cs 类文件。

① 在 MyPetShop.BLL 业务逻辑层项目中新建 OrderService.cs 类文件。

② 导入 MyPetShop.DAL 和 System.Transactions 命名空间。代码如下：

```
using MyPetShop.DAL;
using System.Transactions;
```

③ 在所有方法代码外声明一个 **MyPetShopDataContext** 类实例，使得该对象可在多个方法中使用。代码如下：

```
MyPetShopDataContext db = new MyPetShopDataContext();
```

④ 建立 CreateOrderFromCart()方法，该方法首先根据指定用户购物车中的商品清单创建该用户的订单，其次创建该订单的详细信息记录，再次修改 Product 表中相应商品的库存量，最后删除该用户购物车中的所有商品。代码如下：

```
public void CreateOrderFromCart(int cutomerId, string customerName,
 string addr1, string addr2, string city, string state, string zip,
 string phone)
{
 //由于需要对多张表的数据进行操作，所以，通过使用数据库事务来保证数据的一致性
 using (TransactionScope ts = new TransactionScope())
 {
  //获取指定用户购物车内的所有商品列表
  List<CartItem> cartItemList = (from c in db.CartItem
                   where c.CustomerId == cutomerId
                   select c).ToList();
  //首先，创建存储于 Order 表中的指定用户的一条订单，状态为"未审核"
  Order order = new Order
  {
```

```
            CustomerId = cutomerId,
            UserName = customerName,
            OrderDate = DateTime.Now,
            Addr1 = addr1,
            Addr2 = addr2,
            City = city,
            State = state,
            Zip = zip,
            Phone = phone,
            Status = "未审核"
        };
        //其次，根据指定用户购物车内的所有商品列表创建存储于 OrderItem 表中的该用户订单的
        //详细信息记录
        OrderItem orderItem = null;
        Product product = null;
        foreach (CartItem cartItem in cartItemList)
        {
            //依次添加每件商品为订单的详细信息记录
            orderItem = new OrderItem
            {
                OrderId = order.OrderId,
                ProName = cartItem.ProName,
                ListPrice = cartItem.ListPrice,
                Qty = cartItem.Qty,
                TotalPrice = cartItem.Qty * cartItem.ListPrice
            };
            order.OrderItem.Add(orderItem);
            //再次，修改 Product 表中相应商品的库存量
            product = (from p in db.Product
                       where p.ProductId == cartItem.ProId
                       select p).First();
            product.Qty = product.Qty - cartItem.Qty;
            //最后，删除用户购物车中的所有商品
            db.CartItem.DeleteOnSubmit(cartItem);
        }
        db.Order.InsertOnSubmit(order);
        db.SubmitChanges();
        ts.Complete();      //提交事务
    }
}
```

（8）添加并设计 SubmitCart.aspx。

① 在 MyPetShop.Web 表示层项目中添加 Web 窗体 SubmitCart.aspx，切换到"设计"视图，通过"格式"→"附加样式表"命令分别附加 Styles\bootstrap.css 和 Styles\Style.css 文件。

② 切换到"源"视图,删除其中自动生成的<div>元素。将实验步骤 2 完成的 Default.aspx 中的整个<header>和<nav>元素内容复制到 SubmitCart.aspx 的<form>元素内。

③ 在</nav>和</form>标记之间添加<section>元素,设置其 class 属性值为 mainbody。

④ 在<section>元素中添加一个<div>元素,设置其 class 属性值为 rightside。在该<div>元素中添加一个 Panel 控件和一个 Label 控件。切换到"设计"视图,如图 9-30 所示,在 Panel 控件中添加一个用于布局的 8 行 2 列表格,合并相应的单元格;向相应的单元格中输入"填写发货地址""送货地址:""发票寄送地址:""城市:""省(自治区、直辖市):""邮编:"和"联系电话:",添加六个 TextBox 控件、六个 RequiredFieldValidator 控件、一个 RegularExpressionValidator 控件、一个 Button 控件。

图 9-30　结算页设计界面

⑤ 如表 9-8 所示,分别设置各控件的属性。

表 9-8　各控件的属性设置表

控　件	属 性 名	属 性 值	说　明
Panel	ID	pnlConsignee	Panel 控件的编程名称
TextBox	ID	txtAddr1	"送货地址"文本框的编程名称
RequiredFieldValidator	ID	rfvAddr1	"必须输入验证"控件的编程名称
	ControlToValidate	txtAddr1	验证"送货地址"文本框
	Display	Dynamic	只有验证未通过时才占用空间
	ErrorMessage	不能为空	验证未通过时显示错误信息"必填"
	ForeColor	Red	验证未通过时显示红色的错误信息
TextBox	ID	txtAddr2	"发票寄送地址"文本框的编程名称
RequiredFieldValidator	ID	rfvAddr2	"必须输入验证"控件的编程名称
	ControlToValidate	txtAddr2	验证"发票寄送地址"文本框
	Display	Dynamic	只有验证未通过时才占用空间
	ErrorMessage	不能为空	验证未通过时显示错误信息"必填"
	ForeColor	Red	验证未通过时显示红色的错误信息
TextBox	ID	txtCity	"城市"文本框的编程名称
RequiredFieldValidator	ID	rfvCity	"必须输入验证"控件的编程名称
	ControlToValidate	txtCity	验证"城市"文本框
	Display	Dynamic	只有验证未通过时才占用空间
	ErrorMessage	不能为空	验证未通过时显示错误信息"必填"
	ForeColor	Red	验证未通过时显示红色的错误信息
TextBox	ID	txtState	"省(自治区、直辖市)"文本框的编程名称
RequiredFieldValidator	ID	rfvState	"必须输入验证"控件的编程名称
	ControlToValidate	txtState	验证"省(自治区、直辖市)"文本框
	Display	Dynamic	只有验证未通过时才占用空间
	ErrorMessage	不能为空	验证未通过时显示错误信息"必填"
	ForeColor	Red	验证未通过时显示红色的错误信息

续表

控 件	属 性 名	属 性 值	说 明
TextBox	ID	txtZip	"邮编"文本框的编程名称
RequiredFieldValidator	ID	rfvZip	"必须输入验证"控件的编程名称
	ControlToValidate	txtZip	验证"邮编"文本框
	Display	Dynamic	只有验证未通过时才占用空间
	ErrorMessage	不能为空	验证未通过时显示错误信息"必填"
	ForeColor	Red	验证未通过时显示红色的错误信息
RegularExpression-Validator	ID	revZip	"规则表达式验证"控件的编程名称
	ControlToValidate	txtZip	验证"邮编"文本框
	Display	Dynamic	只有验证未通过时才占用空间
	ErrorMessage	邮编错误！	验证未通过时显示的错误信息
	ForeColor	Red	验证未通过时显示红色的错误信息
	ValidationExpression	\d{6}	表达式为 6 位十进制数字
TextBox	ID	txtPhone	"联系电话"文本框的编程名称
RequiredFieldValidator	ID	rfvPhone	"必须输入验证"控件的编程名称
	ControlToValidate	txtPhone	验证"联系电话"文本框
	Display	Dynamic	只有验证未通过时才占用空间
	ErrorMessage	不能为空	验证未通过时显示错误信息"必填"
	ForeColor	Red	验证未通过时显示红色的错误信息
Button	ID	btnSubmit	"提交结算"按钮控件的编程名称
	Text	提交结算	"提交结算"按钮控件上显示的文本
Label	ID	lblMsg	显示提示信息的 Label 控件的编程名称
	Text	空	初始不显示任何内容

⑥ 切换到"源"视图，在</div>和</section>标记之间添加一个<div>元素，设置其 class 属性值为 clear，这样，可使新建<div>元素的左右两侧均不允许其他浮动元素，并显示分隔线。

⑦ 设计完成后，整个<section>元素的源代码如下：

```
<section class="mainbody">
  <div class="rightside">
    <asp:Panel ID="pnlConsignee" runat="server">
      <table>
        <tr>
          <td class="tdcenter" colspan="2">
            <strong>填写发货地址</strong></td>
        </tr>
        <tr>
          <td class="tdright">送货地址： </td>
          <td>
            <asp:TextBox ID="txtAddr1" runat="server"></asp:TextBox>
            <asp:RequiredFieldValidator ID="rfvAddr1" runat="server"
             ControlToValidate="txtAddr1" Display="Dynamic"
```

```
            ErrorMessage="必填" ForeColor="Red">
        </asp:RequiredFieldValidator></td>
    </tr>
    <tr>
      <td class="tdright">发票寄送地址：
      </td>
      <td>
        <asp:TextBox ID="txtAddr2" runat="server"></asp:TextBox>
        <asp:RequiredFieldValidator ID="rfvAddr2" runat="server"
        ControlToValidate="txtAddr2" Display="Dynamic"
        ErrorMessage="必填" ForeColor="Red">
        </asp:RequiredFieldValidator></td>
    </tr>
    <tr>
      <td class="tdright">城市：
      </td>
      <td>
        <asp:TextBox ID="txtCity" runat="server"></asp:TextBox>
        <asp:RequiredFieldValidator ID="rfvCity" runat="server"
        ControlToValidate="txtCity" Display="Dynamic"
        ErrorMessage="必填" ForeColor="Red">
        </asp:RequiredFieldValidator></td>
    </tr>
    <tr>
      <td class="tdright">省（自治区、直辖市）：
      </td>
      <td>
        <asp:TextBox ID="txtState" runat="server"></asp:TextBox>
        <asp:RequiredFieldValidator ID="rfvState" runat="server"
        ControlToValidate="txtState" Display="Dynamic"
        ErrorMessage="必填" ForeColor="Red">
        </asp:RequiredFieldValidator></td>
    </tr>
    <tr>
      <td class="tdright">邮编：
      </td>
      <td>
        <asp:TextBox ID="txtZip" runat="server"></asp:TextBox>
        <asp:RequiredFieldValidator ID="rfvZip" runat="server"
        ControlToValidate="txtZip" Display="Dynamic"
        ErrorMessage="必填" ForeColor="Red">
        </asp:RequiredFieldValidator>
        <asp:RegularExpressionValidator ID="revZip" runat="server"
        ControlToValidate="txtZip" Display="Dynamic"
        ErrorMessage="邮编错误！" ForeColor="Red"
        ValidationExpression="\d{6}">
        </asp:RegularExpressionValidator></td>
```

```
      </tr>
      <tr>
       <td class="tdright">联系电话: </td>
       <td>
         <asp:TextBox ID="txtPhone" runat="server"></asp:TextBox>
         <asp:RequiredFieldValidator ID="rfvPhone" runat="server"
          ControlToValidate="txtPhone" Display="Dynamic"
          ErrorMessage="必填" ForeColor="Red">
         </asp:RequiredFieldValidator></td>
      </tr>
      <tr>
       <td class="tdright"> </td>
       <td>
         <asp:Button ID="btnSubmit" runat="server" Text="提交结算"
          OnClick="BtnSubmit_Click" /></td>
      </tr>
     </table>
   </asp:Panel>
   <asp:Label ID="lblMsg" runat="server"></asp:Label>
  </div>
  <%-- 下面<div>元素左右两侧均不允许其他浮动元素，并显示分隔线 --%>
  <div class="clear"></div>
</section>
```

（9）编写 SubmitCart.aspx.cs 中的方法代码。

① 导入 MyPetShop.BLL 命名空间。

② 在所有方法代码外声明 OrderService 类实例，使得该对象可在多个方法中使用。代码如下：

```
OrderService orderSrv = new OrderService();
```

③ 将第 97～98 页完成的 Default.aspx.cs 中的 LnkbtnRegister_Click()、LnkbtnLogin_Click()、LnkbtnLogout_Click()方法代码复制到 SubmitCart.aspx.cs 内相应类中。

④ 当 Web 窗体载入时，触发 Page.Load 事件，若一般用户未登录，则将页面重定向到~/Login.aspx 以便一般用户登录，否则，呈现一般用户登录欢迎信息和相应的权限，并使 Panel 控件 pnlConsignee 可见从而呈现其中包含的控件。执行的方法代码如下：

```
protected void Page_Load(object sender, EventArgs e)
{
  if (Session["CustomerId"] == null)
  {
    Response.Redirect("~/Login.aspx");
  }
  else
  {
    lblWelcome.Text = "您好, " + Session["CustomerName"].ToString();
    lnkbtnPwd.Visible = true;
```

```
    lnkbtnOrder.Visible = true;
    lnkbtnLogout.Visible = true;
    pnlConsignee.Visible = true;
    lblMsg.Text = "";
  }
}
```

⑤ 当用户单击"提交结算"按钮后，触发 Click 事件，调用 OrderService 类中的 Create-OrderFromCart()方法。该方法首先根据指定用户购物车中的商品清单创建该用户的订单，其次创建该订单的详细信息记录，再次修改 Product 表中相应商品的库存量，最后删除该用户购物车中的所有商品。之后，隐藏 Panel 控件 pnlConsignee，显示成功结算信息。执行的方法代码如下：

```
protected void BtnSubmit_Click(object sender, EventArgs e)
{
  orderSrv.CreateOrderFromCart(
    Convert.ToInt32(Session["CustomerId"]),
    Session["CustomerName"].ToString(),
    txtAddr1.Text.Trim(), txtAddr2.Text.Trim(), txtCity.Text.Trim(),
    txtState.Text.Trim(), txtZip.Text.Trim(), txtPhone.Text.Trim());
  pnlConsignee.Visible = false;
  lblMsg.Text = "已经成功结算，谢谢光临！";
}
```

（10）右击 MyPetShop.Web 表示层项目，选择"生成网站"命令从而编译整个 MyPetShop 应用程序。从浏览首页 Default.aspx 开始对 MyPetShop 应用程序进行测试。

（11）在 ShopCart.aspx.cs 文件中的"if (!IsPostBack)"语句处设置断点，选择首页 Default.aspx，按 F5 键启动调试，再通过按 F11 键逐条语句地执行程序，理解程序的执行过程。

四、实验拓展

（1）扩展 MyPetShop 应用程序的一般用户注册功能，要求在用户注册时能输入用户的其他信息，如通信地址、邮编、电话号码等信息。

（2）在 MyPetShop 应用程序中完成一般用户的购物记录呈现功能。要求如下：

① Web 窗体名为 OrderList.aspx，浏览效果如图 9-31 所示。

图 9-31　一般用户购物记录页浏览效果

② 数据来源于 Order 表。

③ 使用 ASP.NET 三层架构实现数据访问和操作。

④ 进行程序调试。

（3）在 MyPetShop 应用程序中完成管理员的订单管理功能。要求如下：

① 当管理员登录 MyPetShop 应用程序后，单击"订单管理"链接跳转到订单管理页面 OrderMaster.aspx，呈现如图 9-32 所示的浏览效果。在图 9-32 中，当管理员单击"订单详细"链接跳转到订单详细页面 OrderSub.aspx，呈现如图 9-33 所示的浏览效果（以 1 号订单为例）；当管理员选中订单，再单击"审核订单"按钮将把选中订单的审核状态修改为"已审核"。

② 数据存储于 Order 表。

③ 使用 ASP.NET 三层架构实现数据访问和操作。

④ 进行程序调试。

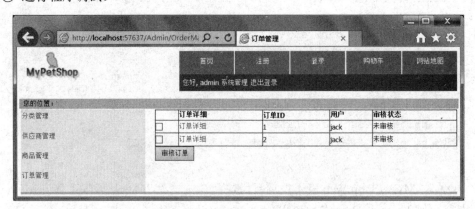

图 9-32　订单管理页浏览效果

图 9-33　订单详细浏览效果

主题、母版和用户控件

一、实验目的

（1）掌握建立和使用用户控件的方法。

（2）掌握母版页和内容页的建立方法。

（3）掌握主题的建立和使用方法。

二、实验内容及要求

1. 在 ExMyPetShop 解决方案中添加 MyPetShop.WebEx10 表示层项目

要求如下：

（1）在实验 9 的基础上添加 MyPetShop.WebEx10 表示层项目。

（2）MyPetShop.WebEx10 表示层项目引用 MyPetShop.BLL 业务逻辑层项目，MyPetShop.BLL 业务逻辑层项目引用 MyPetShop.DAL 数据访问层项目。也就是说，在本实验中，MyPetShop 应用程序结构包括 MyPetShop.WebEx10 表示层项目、MyPetShop.BLL 业务逻辑层项目、MyPetShop.DAL 数据访问层项目。

2. 设计并实现"商品分类列表"用户控件

要求如下：

（1）"商品分类列表"用户控件用于显示商品分类及每个分类中包含的商品数量，其中商品分类名显示为超链接，相应的测试页浏览效果如图 10-1 所示。

（2）单击图 10-1 中的商品分类名链接则将页面跳转到 ProShow.aspx 页，并将选中商品分类的 CategoryId 字段值传递到 ProShow.aspx。

图 10-1 "商品分类列表"用户控件测试页浏览效果

3. 创建 MyPetShop 应用程序的母版页

要求如下：

（1）基于母版页且不额外添加其他信息的内容页浏览效果如图 10-2 所示。

（2）在图 10-2 中，"您的位置："和"Copyright 2018 MyPetShop"之间包含左右两个 ContentPlaceHolder 控件。

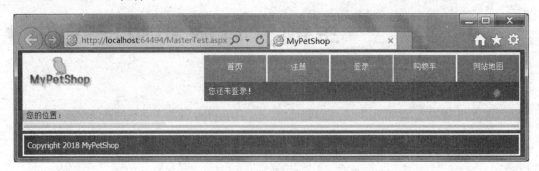

图 10-2　基于母版页且不额外添加其他信息的内容页浏览效果

4. 利用母版页重新设计 MyPetShop 应用程序的首页

要求如下：

（1）在实验 9 的基础上进行修改。

（2）浏览效果如图 10-3 所示。

（3）在图 10-3 中，商品分类信息使用"商品分类列表"用户控件呈现，单个商品信息使用 GridView 控件呈现，它们分别包含在两个 ContentPlaceHolder 控件中。

图 10-3　基于母版页的 MyPetShop 应用程序首页浏览效果

5. 利用母版页重新设计 MyPetShop 应用程序的用户登录页

要求如下：

（1）在实验 9 的基础上进行修改。

（2）浏览效果如图 10-4 所示。

（3）在图 10-4 中，用于收集用户登录信息的控件包含于左边的 ContentPlaceHolder 控件中。

6. 设计并应用主题

要求应用了主题后的首页浏览效果如图 10-5 所示。与图 10-3 相比，Logo 图片有变化，

"Copyright 2018 MyPetShop"版权信息用绿色表示,其边框用橙色表示。

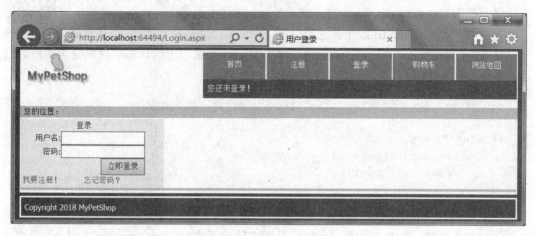

图 10-4 基于母版页的 MyPetShop 应用程序用户登录页浏览效果

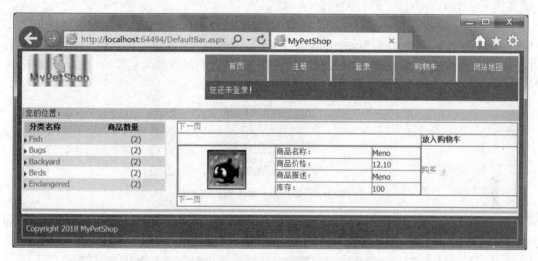

图 10-5 应用了主题后的首页浏览效果

三、实验步骤

1. 在 ExMyPetShop 解决方案中添加 MyPetShop.WebEx10 表示层项目

(1)为了区分不同的表示层项目,参考图 9-16 通过选择"ASP.NET 空网站"模板在 ExMyPetShop 解决方案中添加 MyPetShop.WebEx10 表示层项目。

(2)在 ExMyPetShop 解决方案中,将 MyPetShop.Web 表示层项目中所有文件夹及文件复制到 MyPetShop.WebEx10 表示层项目。

(3)删除 MyPetShop.WebEx10 表示层项目下 Bin 文件夹中的 MyPetShop.BLL.dll、MyPetShop.BLL.pdb、MyPetShop.DAL.dll、MyPetShop.DAL.pdb 等文件。

(4)参考图 9-19 添加 MyPetShop.WebEx10 表示层项目对 MyPetShop.BLL 业务逻辑层项目引用。

2. 设计并实现"商品分类列表"用户控件

（1）修改 CategoryService.cs 类文件。

① 打开 MyPetShop.BLL 业务逻辑层项目中的 CategoryService.cs 类文件。

② 建立 GetProductCountByCategoryId()方法，该方法用于统计每个商品分类中包含的商品数量。代码如下：

```
public int GetProductCountByCategoryId(int categoryId)
{
return (from p in db.Product
        where p.CategoryId == categoryId
        select p).Count();
}
```

（2）添加并设计 Category.ascx。

① 在 MyPetShop.WebEx10 表示层项目根文件夹下建立 UserControl 子文件夹，再在该子文件夹中添加 Web 用户控件 Category.ascx。

② 如图 10-6 所示，在"设计"视图中添加一个 GridView 控件，设置属性如下：ID="gvCategory"、AutoGenerateColumns="False"、CellPadding="4"、ForeColor="#333333"、GridLines="None"、Width="100%"。其他用于定义格式的属性参考后续给出的源程序进行设置。

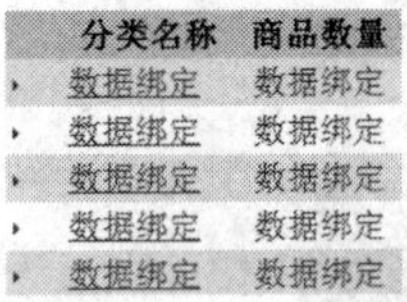

图 10-6　Category.ascx 设计界面

③ 如图 10-7 所示，设置 gvCategory 控件的 Columns 属性，分别添加一个 TemplateField 字段、一个 HyperLinkField 字段和一个 TemplateField 字段。

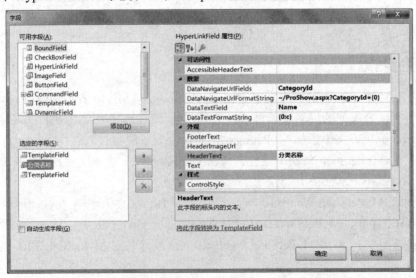

图 10-7　gvCategory 控件的 Columns 属性设置对话框

④ 单击 gvCategory 控件的智能标志，选择"编辑模板"命令，如图 10-8 所示，向 Column[0]的 ItemTemplate 模板中添加一个 Image 控件，设置属性如下：ID="imgArrow"、ImageUrl="~/Images/arrow.gif"。如图 10-9 所示，向 Column[2]的 ItemTemplate 模板中添加一个 Label 控件，设置属性如下：ID="lblCount"、Text='<%# GetProductCountByCategoryId(Eval("CategoryId").ToString()) %>'。其中，GetProductCountByCategoryId()方法属于自定义方法，包含于 Category.ascx.cs 文件，用于统计每个商品分类中包含的商品数量；Eval("CategoryId")以只读方式绑定 CategoryId 字段。

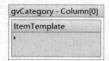
　　　　　　　　　　　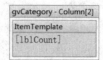

图 10-8　Column[0]设计界面　　　　　　　图 10-9　Column[2]设计界面

⑤ 如表 10-1 所示，设置 HyperLinkField 字段。

表 10-1　**HyperLinkField 字段各属性设置表**

属　性　名	属　性　值	说　　明
DataNavigateUrlFields	CategoryId	绑定 CategoryId 字段，其值将替换超链接 URL 中的{0}
DataNavigateUrlFormatString	~/ProShow.aspx?CategoryId={0}	设置超链接 URL 的格式
DataTextField	Name	显示 Name 字段的值
HeaderText	分类名称	表头的列名称

⑥ 设计完成后，整个 GridView 控件的源代码如下：

```
<asp:GridView ID="gvCategory" runat="server" AutoGenerateColumns="False"
 CellPadding="4" ForeColor="#333333" GridLines="None" Width="100%">
 <AlternatingRowStyle BackColor="White" />
 <Columns>
  <asp:TemplateField>
   <ItemTemplate>
    <asp:Image ID="imgArrow" runat="server"
     ImageUrl="~/Images/arrow.gif" />
   </ItemTemplate>
  </asp:TemplateField>
  <asp:HyperLinkField DataTextField="Name"
   DataNavigateUrlFields="CategoryId"
   DataNavigateUrlFormatString="~/ProShow.aspx?CategoryId={0}"
   HeaderText="分类名称" />
  <asp:TemplateField>
   <HeaderStyle HorizontalAlign="Center" Width="90px" />
   <HeaderTemplate>商品数量</HeaderTemplate>
   <ItemStyle HorizontalAlign="Center" Width="90px" />
   <ItemTemplate>
```

```
        <asp:Label ID="lblCount" runat="server"
         Text='<%# GetProductCountByCategoryId(
          Eval("CategoryId").ToString()) %>'>
        </asp:Label>
      </ItemTemplate>
    </asp:TemplateField>
  </Columns>
  <HeaderStyle BackColor="#ccccd4" Font-Bold="True" ForeColor="Black" />
  <RowStyle BackColor="#E3EAEB" />
</asp:GridView>
```

（3）编写 Category.ascx.cs 中的方法代码。

① 导入 MyPetShop.BLL 命名空间。

② 在所有方法代码外声明 CategoryService 类实例，使得该对象可在多个方法中使用。代码如下：

```
CategoryService categorySrv = new CategoryService();
```

③ 当"商品分类列表"用户控件载入时，触发 Page.Load 事件，调用 CategoryService 类的 GetAllCategory() 方法查找所有商品分类并返回所有商品分类的列表，再将返回的列表绑定到 gvCategory 控件上。执行的方法代码如下：

```
protected void Page_Load(object sender, EventArgs e)
{
  gvCategory.DataSource = categorySrv.GetAllCategory();
  gvCategory.DataBind();
}
```

④ 建立自定义方法 GetProductCountByCategoryId()，该方法调用 CategoryService 类的 GetProductCountByCategoryId() 方法统计指定商品分类中包含的商品数量，然后，返回形如 "（2）" 的表达式，其中数字 2 表示指定商品分类中包含的商品数量。代码如下：

```
protected string GetProductCountByCategoryId(string id)
{
  return "("
      + categorySrv.GetProductCountByCategoryId(
        int.Parse(id)).ToString()
      + ")";
}
```

（4）测试 Category.ascx。

① 在 MyPetShop.WebEx10 表示层项目根文件夹下添加一个 Web 窗体 CategoryShow.aspx，切换到"设计"视图，将"解决方案资源管理器"窗口中的用户控件 Category.ascx 拖到页面上。

② 右击 MyPetShop.WebEx10 表示层项目，选择"生成网站"命令从而编译整个 MyPetShop 应用程序。浏览 CategoryShow.aspx 进行测试。

3. 创建 MyPetShop 应用程序的母版页

（1）在 Styles\Style.css 文件中添加新的样式。

打开 MyPetShop.WebEx10 表示层项目根文件夹下 Styles\Style.css 文件，在其中添加.footer 类选择器。代码如下：

```
.footer { width: 778px; margin: 5px auto; text-align: left; padding: 6px;
 border: 2px solid #fff; color: #fff; }
```

（2）设计母版页 MasterPage.master。

① 在 MyPetShop.WebEx10 表示层项目中添加母版页 MasterPage.master，切换到"设计"视图，通过"格式"→"附加样式表"命令分别附加 Styles\bootstrap.css 和 Styles\Style.css 文件。

② 切换到"源"视图，删除其中自动生成的<div>元素。将首页 Default.aspx 中的整个<header>和<nav>元素内容复制到 MasterPage.master 的<form>元素内。

③ 在</nav>和</form>标记之间添加<section>元素，设置其 class 属性值为 mainbody。

④ 在<section>元素中添加三个<div>元素，分别设置它们的 class 属性值为 leftside、rightside 和 clear，再在前两个<div>元素中分别添加一个 ContentPlaceHolder 控件并分别设置 ID 属性值为 cphLeft 和 cphRight。

⑤ 在</section>标记下面添加<footer>元素，设置其 class 属性值为 footer。之后，在<footer>元素中添加版权声明"Copyright 2018 MyPetShop"。

⑥ 设计完成后，MasterPage.master 文件源代码如下：

```
<%@ Master Language="C#" AutoEventWireup="true"
CodeFile="MasterPage.master.cs" Inherits="MasterPage" %>
<!DOCTYPE html>
<html>
<head runat="server">
  <meta http-equiv="Content-Type" content="text/html; charset=utf-8" />
  <title>MyPetShop</title>
  <asp:ContentPlaceHolder ID="head" runat="server">
  </asp:ContentPlaceHolder>
  <link href="Styles/bootstrap.css" rel="stylesheet" type="text/css" />
  <link href="Styles/Style.css" rel="stylesheet" type="text/css" />
</head>
<body>
  <form id="form1" runat="server">
    <header class="header">
      <asp:Image ID="imgLogo" runat="server" ImageUrl="~/Images/logo.gif" />
      <ul class="nav nav-pills">
        <li class="navDark">
          <asp:LinkButton ID="lnkbtnDefault" runat="server"
          CausesValidation="False" ForeColor="White"
          PostBackUrl="~/Default.aspx">首页</asp:LinkButton></li>
        <li class="navDark">
```

```
    <asp:LinkButton ID="lnkbtnRegister" runat="server"
    CausesValidation="False" ForeColor="White"
    OnClick="LnkbtnRegister_Click">注册</asp:LinkButton></li>
  <li class="navDark">
    <asp:LinkButton ID="lnkbtnLogin" runat="server"
    CausesValidation="False" ForeColor="White"
    OnClick="LnkbtnLogin_Click">登录</asp:LinkButton></li>
  <li class="navDark">
    <asp:LinkButton ID="lnkbtnCart" runat="server"
    CausesValidation="False" ForeColor="White"
    PostBackUrl="~/ShopCart.aspx">购物车</asp:LinkButton></li>
  <li class="navDark">
    <asp:LinkButton ID="lnkbtnSiteMap" runat="server"
    CausesValidation="False" ForeColor="White"
    PostBackUrl="~/Map.aspx">网站地图</asp:LinkButton></li>
</ul>
<div class="status">
  <asp:Label ID="lblWelcome" runat="server" Text="您还未登录！">
  </asp:Label>
  <asp:LinkButton ID="lnkbtnPwd" runat="server"
  CausesValidation="False" ForeColor="White" Visible="False"
  PostBackUrl="~/ChangePwd.aspx">密码修改</asp:LinkButton>
  <asp:LinkButton ID="lnkbtnManage" runat="server" ForeColor="White"
  Visible="False" PostBackUrl="~/Admin/Default.aspx">系统管理
  </asp:LinkButton>
  <asp:LinkButton ID="lnkbtnOrder" runat="server"
  CausesValidation="False" ForeColor="White" Visible="False"
  PostBackUrl="~/OrderList.aspx">购物记录</asp:LinkButton>
  <asp:LinkButton ID="lnkbtnLogout" runat="server"
  CausesValidation="False" ForeColor="White" Visible="False"
  OnClick="LnkbtnLogout_Click">退出登录</asp:LinkButton>
</div>
</header>
<nav class="sitemap">
  您的位置：
</nav>
<section class="mainbody">
  <div class="leftside">
    <asp:ContentPlaceHolder ID="cphLeft" runat="server">
    </asp:ContentPlaceHolder>
  </div>
  <div class="rightside">
    <asp:ContentPlaceHolder ID="cphRight" runat="server">
    </asp:ContentPlaceHolder>
  </div>
```

```
    <%-- 下面<div>元素左右两侧均不允许其他浮动元素，并显示分隔线 --%>
    <div class="clear"></div>
  </section>
  <footer class="footer">
    Copyright 2018 MyPetShop
  </footer>
</form>
</body>
</html>
```

（3）编写 MasterPage.master.cs 中的方法代码。

① 将首页 Default.aspx 对应的 Default.aspx.cs 中的 LnkbtnRegister_Click()、Lnkbtn Login_Click()、LnkbtnLogout_Click()方法代码复制到 MasterPage.master.cs 内相应类中。

② 当基于 MasterPage.master 母版页的 Web 窗体载入时，触发 Page.Load 事件，将根据匿名用户或一般用户呈现不同的登录状态和权限。执行的方法代码如下：

```
protected void Page_Load(object sender, EventArgs e)
{
  if (Session["CustomerId"] != null)  //一般用户已登录
  {
    lblWelcome.Text = "您好, " + Session["CustomerName"].ToString();
    lnkbtnPwd.Visible = true;
    lnkbtnOrder.Visible = true;
    lnkbtnLogout.Visible = true;
  }
```

（4）建立内容页 MasterTest.aspx 从而测试母版页 MasterPage.master。

① 右击 MyPetShop.WebEx10 表示层项目，选择"添加"→"添加新项"命令，在呈现的"添加新项"对话框中选择"Web 窗体"模板，输入名称 MasterTest.aspx，选中"选择母版页"复选框，单击"添加"按钮后选择母版页 MasterPage.master，最后单击"确定"按钮建立内容页 MasterTest.aspx。

② 浏览 MasterTest.aspx 进行测试。

4. 利用母版页重新设计 MyPetShop 应用程序的首页

（1）为避免文件重名，将 Default.aspx 文件重命名为 DefaultBak.aspx。

（2）修改 ProductService.cs 类文件。

① 打开 MyPetShop.BLL 业务逻辑层项目中的 ProductService.cs 类文件。

② 建立 GetAllProduct()方法，该方法查找 Product 商品表中的所有商品，并返回所有商品对象列表。代码如下：

```
public List<Product> GetAllProduct()
{
  return (from p in db.Product
        select p).ToList();
}
```

（3）参考内容页 MasterTest.aspx 的建立过程，在 MyPetShop.WebEx10 表示层项目中添加基于母版页 MasterPage.master 的首页 Default.aspx。

（4）在 ContentPlaceHolderID 属性值为 cphLeft 的<asp:Content>元素中添加"商品分类列表"用户控件 Category.ascx；将 DefaultBak.aspx 中的 GridView 控件 gvProduct 代码复制到 ContentPlaceHolderID 属性值为 cphRight 的<asp:Content>元素中。

（5）设计完成后的 Default.aspx 源代码如下：

```
<%@ Page Title="" Language="C#" MasterPageFile="~/MasterPage.master"
 AutoEventWireup="true" CodeFile="Default.aspx.cs" Inherits="_Default" %>
<%@ Register Src="~/UserControl/Category.ascx" TagPrefix="uc1"
 TagName="Category" %>
<asp:Content ID="Content1" ContentPlaceHolderID="head" runat="Server">
</asp:Content>
<asp:Content ID="Content2" ContentPlaceHolderID="cphLeft" runat="Server">
 <uc1:Category runat="server" ID="Category" />
</asp:Content>
<asp:Content ID="Content3" ContentPlaceHolderID="cphRight" runat="Server">
 <asp:GridView ID="gvProduct" runat="server" AllowPaging="True"
  AutoGenerateColumns="False"
  OnPageIndexChanging="GvProduct_PageIndexChanging"
  PagerSettings-Mode="NextPrevious" PageSize="1" Width="100%">
  <PagerSettings FirstPageText="首页" LastPageText="尾页"
   Mode="NextPrevious" NextPageText="下一页" Position="TopAndBottom"
   PreviousPageText="上一页" />
  <Columns>
   <asp:TemplateField>
    <ItemTemplate>
     <table style="border: 1px solid #808080; width: 100%;">
      <tr>
       <td rowspan="7" style="text-align: center; border: 1px;
        vertical-align: middle; width: 40%;">
        <asp:Image ID="imgProduct" runat="server"
         ImageUrl='<%# Bind("Image") %>' Height="60px" Width="60px" />
       </td>
       <td style="border: 1px solid #808080;">商品名称：</td>
       <td style="border: 1px solid #808080;">
        <asp:Label ID="lblName" runat="server"
        Text='<%# Bind("Name") %>'></asp:Label></td>
      </tr>
      <tr>
       <td style="border: 1px solid #808080;">商品价格：</td>
       <td style="border: 1px solid #808080;">
        <asp:Label ID="lblListPrice" runat="server"
        Text='<%# Bind("ListPrice") %>'></asp:Label></td>
```

```
        </tr>
        <tr>
          <td style="border: 1px solid #808080;">商品描述：</td>
          <td style="border: 1px solid #808080;">
            <asp:Label ID="lblDescn" runat="server"
            Text='<%# Bind("Descn") %>'></asp:Label></td>
        </tr>
        <tr>
          <td style="border: 1px solid #808080;">库存：</td>
          <td style="border: 1px solid #808080;">
            <asp:Label ID="lblQty" runat="server"
            Text='<%# Bind("Qty") %>'></asp:Label></td>
        </tr>
      </table>
    </ItemTemplate>
  </asp:TemplateField>
  <asp:HyperLinkField DataNavigateUrlFields="ProductId"
  DataNavigateUrlFormatString="~/ShopCart.aspx?ProductId={0}"
  HeaderText="放入购物车" Text="购买" />
  </Columns>
  </asp:GridView>
</asp:Content>
```

（6）编写 Default.aspx.cs 中的方法代码。

① 导入 MyPetShop.BLL 命名空间。

② 在所有方法代码外声明一个 ProductService 类实例，使得该对象可在多个方法中使用。代码如下：

```
ProductService productSrv = new ProductService();
```

③ Web 窗体载入时，触发 Page.Load 事件，调用自定义方法 Bind()绑定所有商品信息到 gvProduct。执行的方法代码如下：

```
protected void Page_Load(object sender, EventArgs e)
{
  Bind();  //调用自定义方法Bind()绑定所有商品信息到gvProduct
}
```

④ 建立自定义方法 Bind()，该方法调用 ProductService 类的 GetAllProduct()方法查找并返回所有商品对象的列表，再绑定到 gvProduct。代码如下：

```
protected void Bind()
{
  gvProduct.DataSource = productSrv.GetAllProduct();
  gvProduct.DataBind();
}
```

⑤ 当改变 gvProduct 的当前页时，触发 PageIndexChanging 事件，设置新的页面索引值，并显示当前页包含的商品。执行的方法代码如下：

```
protected void GvProduct_PageIndexChanging(object sender,
GridViewPageEventArgs e)
{
  gvProduct.PageIndex = e.NewPageIndex;   //设置当前页索引值为新的页面索引值
  Bind();                                 //调用自定义方法 Bind()
}
```

（7）右击 MyPetShop.WebEx10 表示层项目，选择"生成网站"命令从而编译整个 MyPetShop 应用程序。浏览 Default.aspx 进行测试。

（8）右击 MyPetShop.WebEx10 表示层项目，选择"设为启动项目"命令将 MyPetShop .WebEx10 表示层项目设置为启动项目。在 Default.aspx.cs 文件中 Page_Load()方法内的 "Bind();"语句处设置断点，按 F5 键启动调试，再通过按 F11 键逐条语句地执行程序，理解程序的执行过程。

5. 利用母版页重新设计 MyPetShop 应用程序的用户登录页

（1）为避免文件重名，将 Login.aspx 文件重命名为 LoginBak.aspx。

（2）参考内容页 MasterTest.aspx 的建立过程，在 MyPetShop.WebEx10 表示层项目中添加基于母版页 MasterPage.master 的用户登录页 Login.aspx。

（3）将 LoginBak.aspx 中的整个<table>元素复制到 ContentPlaceHolderID 属性值为 cphLeft 的<asp:Content>元素中。

（4）设计完成后的 Login.aspx 源代码如下：

```
<%@ Page Title="用户登录" Language="C#"
 MasterPageFile="~/MasterPage.master" AutoEventWireup="true"
 CodeFile="Login.aspx.cs" Inherits="Login" %>
<asp:Content ID="Content1" ContentPlaceHolderID="head" runat="Server">
</asp:Content>
<asp:Content ID="Content2" ContentPlaceHolderID="cphLeft" runat="Server">
  <table>
    <tr>
      <td class="tdcenter" colspan="2">登录</td>
    </tr>
    <tr>
      <td class="tdright">用户名:</td>
      <td>
        <asp:TextBox ID="txtName" runat="server"></asp:TextBox></td>
      <td>
        <asp:RequiredFieldValidator ControlToValidate="txtName"
         Display="Dynamic" ForeColor="Red" ID="rfvName" runat="server"
         ErrorMessage="必填"></asp:RequiredFieldValidator></td>
    </tr>
    <tr>
```

```
      <td class="tdright">密码:</td>
      <td>
       <asp:TextBox ID="txtPwd" runat="server" TextMode="Password">
       </asp:TextBox></td>
      <td>
       <asp:RequiredFieldValidator ControlToValidate="txtPwd"
        Display="Dynamic" ForeColor="Red" ID="rfvPwd" runat="server"
        ErrorMessage="必填"></asp:RequiredFieldValidator></td>
     </tr>
     <tr>
      <td colspan="2" class="tdright">
       <asp:Button ID="btnLogin" runat="server" Text="立即登录"
        OnClick="BtnLogin_Click" /></td>
     </tr>
     <tr>
      <td><a href="NewUser.aspx">我要注册! </a></td>
      <td class="tdcenter"><a href="GetPwd.aspx">忘记密码? </a></td>
     </tr>
     <tr>
      <td colspan="2" class="tdright">
       <asp:Label ID="lblMsg" runat="server" ForeColor="Red"></asp:Label>
      </td>
     </tr>
    </table>
  </asp:Content>
  <asp:Content ID="Content3" ContentPlaceHolderID="cphRight"
   runat="Server">
  </asp:Content>
```

（5）编写 Login.aspx.cs 中的方法代码。

① 导入 MyPetShop.BLL 命名空间。

② 参考 LoginBak.aspx.cs 源代码在所有方法代码外声明 CustomerService 类实例。

③ 将 LoginBak.aspx.cs 中的 Page_Load()、BtnLogin_Click()方法代码复制到 Login.aspx .cs 内相应类中。

（6）右击 MyPetShop.WebEx10 表示层项目，选择"生成网站"命令从而编译整个 MyPetShop 应用程序。浏览 Login.aspx 进行测试。

6. 设计并应用主题

（1）设计 Bar 主题。

在 MyPetShop.WebEx10 表示层项目中添加一个 Bar 主题，向 Bar 主题对应的文件夹中分别添加外观文件 Bar.skin、样式表文件 Bar.css 和子文件夹 Images。在 Images 中添加一个图片文件 Logo.gif（图片设计效果请参考图 10-5）。

在 Bar.skin 文件中输入代码如下：

```
<asp:Image runat="server" ImageUrl="~/App_Themes/Bar/Images/Logo.gif"
```

```
SkinID="logo" />
```

在 Bar.css 文件中输入样式代码如下：

```
.footer { width: 778px; margin: 5px auto; text-align: left; padding: 6px;
border: 2px solid #ff6a00; color: #b6ff00; }
```

（2）应用 Bar 主题。

① 为避免冲突，分别复制 MasterPage.master 和 Default.aspx 到 MyPetShop.WebEx10 表示层项目下的 MasterPageBar.master 和 DefaultBar.aspx。

② 将 MasterPageBar.master 中 imgLogo 控件的 SkinID 属性值设置为 logo。

③ 将 DefaultBar.aspx 中@ Page 指令的 MasterPageFile 和 Theme 属性值分别设置为 ~/MasterPageBar.master 和 Bar。

④ 浏览 DefaultBar.aspx 查看效果。

四、实验拓展

（1）建立浏览效果如图 10-10 所示的用户控件 Search.ascx，并将其添加到母版页 MasterPage.master 的合适位置。

图 10-10　用户控件 Search.ascx 的浏览效果

（2）利用母版页 MasterPage.master 修改实验 9 中的其他页面。

（3）为 MyPetShop 应用程序设计多个不同风格的主题，并能动态地选择主题来实现不同的浏览效果。

网站导航

一、实验目的

（1）理解网站地图文件的结构并能合理地建立网站地图。

（2）掌握网站导航控件 SiteMapPath、TreeView 和 Menu 的用法。

（3）掌握母版页中网站导航控件的用法。

二、实验内容及要求

1. 在 ExMyPetShop 解决方案中添加 MyPetShop.WebEx11 表示层项目

要求如下：

（1）在实验 10 的基础上添加 MyPetShop.WebEx11 表示层项目。

（2）MyPetShop.WebEx11 表示层项目引用 MyPetShop.BLL 业务逻辑层项目，MyPetShop.BLL 业务逻辑层项目引用 MyPetShop.DAL 数据访问层项目。也就是说，在本实验中，MyPetShop 应用程序结构包括 MyPetShop.WebEx11 表示层项目、MyPetShop.BLL 业务逻辑层项目、MyPetShop.DAL 数据访问层项目。

2. 构建 MyPetShop 应用程序的网站地图文件

要求包含于网站地图中的页面层次结构如图 11-1 所示。

3. 修改母版页 MasterPage.master 实现面包屑导航功能

图 11-1　页面层次结构

要求如下：

（1）在实验 10 的基础上修改。

（2）在母版页中的"您的位置："栏添加面包屑导航功能。

（3）修改母版页 MasterPage.master 后，用户登录页的浏览效果如图 11-2 所示。

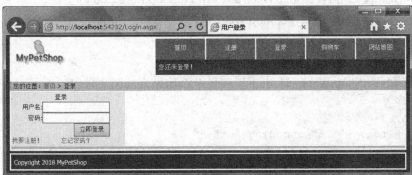

图 11-2　添加面包屑导航后的用户登录页浏览效果

4. 重建商品展示页 ProShow.aspx

要求如下：

（1）浏览效果如图 11-3 所示。

（2）基于母版页 MasterPage.master 重建商品展示页 ProShow.aspx。

（3）在图 11-3 中，通过用户控件实现以树型结构形式显示所有的商品分类及其包含的商品。

图 11-3 "商品展示页"浏览效果

三、实验步骤

1. 在 ExMyPetShop 解决方案中添加 MyPetShop.WebEx11 表示层项目

（1）为了区分不同的表示层项目，参考图 9-16 通过选择 "ASP.NET 空网站"模板在 ExMyPetShop 解决方案中添加 MyPetShop.WebEx11 表示层项目。

（2）在 ExMyPetShop 解决方案中，将 MyPetShop.WebEx10 表示层项目中所有文件夹及文件复制到 MyPetShop.WebEx11 表示层项目。

（3）删除 MyPetShop.WebEx11 表示层项目下 Bin 文件夹中的 MyPetShop.BLL.dll、MyPetShop.BLL.pdb、MyPetShop.DAL.dll、MyPetShop.DAL.pdb 等文件。

（4）参考图 9-19 添加 MyPetShop.WebEx11 表示层项目对 MyPetShop.BLL 业务逻辑层项目引用。

2. 构建 MyPetShop 应用程序的网站地图文件

（1）在 MyPetShop.WebEx11 表示层项目中添加站点地图文件 Web.sitemap，修改其内容如下：

```xml
<?xml version="1.0" encoding="utf-8" ?>
<siteMap xmlns="http://schemas.microsoft.com/AspNet/SiteMap-File-1.0" >
  <siteMapNode url="~/Default.aspx" title="首页" description="首页">
    <siteMapNode url="~/NewUser.aspx" title="注册" description="注册" />
```

```
        <siteMapNode url="~/Login.aspx" title="登录" description="登录" />
        <siteMapNode url="~/OrderList.aspx" title="购物记录"
        description="购物记录" />
        <siteMapNode url="~/ChangePwd.aspx" title="更改密码"
        description="更改密码" />
        <siteMapNode url="~/GetPwd.aspx" title="重置密码" description="重置密码" />
        <siteMapNode url="~/ProShow.aspx" title="商品展示" description="商品展示" />
        <siteMapNode url="~/ShopCart.aspx" title="购物车" description="购物车">
          <siteMapNode url="~/SubmitCart.aspx" title="订单提交"
          description="订单提交" />
        </siteMapNode>
        <siteMapNode url="~/Map.aspx" title="网站地图" description="网站地图" />
      </siteMapNode>
    </siteMap>
```

（2）在 MyPetShop.WebEx11 表示层项目中添加 Web 窗体 SiteMapTest.aspx，切换到
"设计"视图，添加 TreeView 控件和 SiteMapDataSource 控件各一个，设置 TreeView 控件
的 DataSourceID 属性值为 SiteMapDataSource 控件的 ID。

（3）浏览 SiteMapTest.aspx 查看效果。

3. 修改母版页 MasterPage.master 实现面包屑导航功能

（1）先备份再打开母版页 MasterPage.master，在母版页中"您的位置："的右边添加一
个 SiteMapPath 控件。

（2）浏览 Login.aspx，体会面包屑导航的浏览效果。

4. 利用 TreeView 控件显示所有的商品分类及其包含的商品

（1）设计"商品分类及商品导航"用户控件 PetTree.ascx。

在 MyPetShop.WebEx11 表示层项目的 UserControl 文件夹中添加一个用户控件
PetTree.ascx，切换到"设计"视图，添加一个 TreeView 控件，设置其 ID 属性值为 tvProducts、
ExpandDepth 属性值为 0。单击 TreeView 控件的智能标记，选择"编辑节点"命令，在呈
现的 TreeView 节点编辑器对话框中单击"添加根节点" 按钮，如图 11-4 所示，分别设
置 SelectAction、Text、Value 属性值。

图 11-4　TreeView 节点编辑器对话框

（2）编写 PetTree.ascx.cs 中的方法代码。

① 导入 MyPetShop.BLL 命名空间。

② 在所有方法代码外声明 CategoryService、ProductService 类实例，使得这些对象可在多个方法中使用。代码如下：

```
CategoryService categorySrv = new CategoryService();
ProductService productSrv = new ProductService();
```

③ 当"商品分类及商品导航"用户控件载入时，触发 Page.Load 事件，若为首次载入，则调用自定义方法 BindTree()将所有的商品分类添加到 TreeView 控件的父节点中，执行的方法代码如下：

```
protected void Page_Load(object sender, EventArgs e)
{
  if (!IsPostBack)
  {
    //调用自定义方法 BindTree()将所有的商品分类添加到 TreeView 控件 tvProducts 的父
    //节点中
    BindTree();
  }
}
```

④ 建立自定义方法 BindTree()，将所有的商品分类添加到 TreeView 控件 tvProducts 的父节点中。代码如下：

```
protected void BindTree()
{
  var categories = categorySrv.GetAllCategory();
  foreach (var category in categories)
  {
    //将一个商品分类添加到 TreeView 控件 tvProducts 的父节点中
    TreeNode treeNode = new TreeNode
    {
      Text = category.Name,
      Value = category.CategoryId.ToString(),
      NavigateUrl = "~/ProShow.aspx?CategoryId=" +
        category.CategoryId.ToString()
    };
    tvProducts.Nodes.Add(treeNode);
    //调用自定义方法 BindTreeChild()将指定分类号下的所有商品添加到该分类节点下
    BindTreeChild(treeNode, category.CategoryId);
  }
}
```

⑤ 建立自定义方法 BindTreeChild()，将指定分类号下的所有商品添加到该分类节点下。代码如下：

```
protected void BindTreeChild(TreeNode tn, int categoryId)
{
  var products = productSrv.GetProductByCategoryId(categoryId);
  //将指定分类号下的所有商品添加到该分类节点下
  foreach (var product in products)
  {
    TreeNode treeNode = new TreeNode
    {
      Text = product.Name,
      Value = product.ProductId.ToString(),
      NavigateUrl = "~/ProShow.aspx?ProductId=" +
        product.ProductId.ToString()
    };
    tn.ChildNodes.Add(treeNode);
  }
}
```

（3）修改 ProductService.cs 类文件。

① 打开 MyPetShop.BLL 业务逻辑层项目中的 ProductService.cs 类文件。

② 建立 GetProductByProductIdOrCategoryId()方法，该方法根据指定的 ProductId 或 CategoryId 值，查找并返回与 ProductId 值相等的单个商品信息，或者查找并返回 CategoryId 值确定的分类中的所有商品信息。代码如下：

```
public List<Product> GetProductByProductIdOrCategoryId(string productId,
 string categoryId)
{
  if (!string.IsNullOrEmpty(productId))
  {
    return (from p in db.Product
            where p.ProductId == int.Parse(productId)
            select p).ToList();
  }
  else
  {
    return (from p in db.Product
            where p.CategoryId == int.Parse(categoryId)
            select p).ToList();
  }
}
```

（4）添加并设计 ProShow.aspx。

① 在 MyPetShop.WebEx11 表示层项目中添加基于母版页 MasterPage.master 的商品展示页 ProShow.aspx。

② 在 ContentPlaceHolderID 属性值为 cphLeft 的<asp:Content>元素中添加"商品分类

及商品导航"用户控件 PetTree.ascx；将 Default.aspx 中的 GridView 控件 gvProduct 代码复制到 ContentPlaceHolderID 属性值为 cphRight 的<asp:Content>元素中，并修改 gvProduct 控件的 PageSize 属性值为 4。

（5）编写 ProShow.aspx.cs 中的方法代码。

① 导入 MyPetShop.BLL 命名空间。

② 在所有方法代码外声明一个 ProductService 类实例，使得该对象可在多个方法中使用。代码如下：

```
ProductService productSrv = new ProductService();
```

③ Web 窗体载入时，触发 Page.Load 事件，若 Request.QueryString.Count 属性值为 0，即 QueryString 中未包含指定的 ProductId 或 CategoryId 值，则将页面重定向到 Default.aspx，否则，调用自定义方法 Bind()绑定单个商品或某个分类中的所有商品信息到 gvProduct。执行的方法代码如下：

```
protected void Page_Load(object sender, EventArgs e)
{
  if (Request.QueryString.Count == 0)
  {
    Response.Redirect("Default.aspx");
  }
  else
  {
    Bind();  //调用自定义方法 Bind()
  }
}
```

④ 建立自定义方法 Bind()，该方法调用 ProductService 类的 GetProductByProductIdOr-CategoryId()方法根据指定的 ProductId 或 CategoryId 值查找并返回与 ProductId 值相等的单个商品信息，或者查找并返回 CategoryId 值确定的分类中的所有商品信息，再绑定到 gvProduct。代码如下：

```
protected void Bind()
{
  //调用 ProductService 类的 GetProductByProductIdOrCategoryId()方法
  gvProduct.DataSource = productSrv.GetProductByProductIdOrCategoryId(
    Request.QueryString["ProductId"], Request.QueryString["CategoryId"]);
  gvProduct.DataBind();
}
```

⑤ 当改变 gvProduct 的当前页时，触发 PageIndexChanging 事件，设置新的页面索引值，并显示当前页包含的商品。执行的方法代码如下：

```
protected void GvProduct_PageIndexChanging(object sender,
 GridViewPageEventArgs e)
{
```

```
gvProduct.PageIndex = e.NewPageIndex;   //设置当前页索引值为新的页面索引值
Bind();                                 //调用自定义方法 Bind()
}
```

（6）右击 MyPetShop.WebEx11 表示层项目，选择"生成网站"命令从而编译整个 MyPetShop 应用程序。浏览 Default.aspx 进行测试。

（7）右击 MyPetShop.WebEx11 表示层项目，选择"设为启动项目"命令将 MyPetShop .WebEx11 表示层项目设置为启动项目。在 ProShow.aspx.cs 文件中的"if (Request.QueryString .Count == 0)"语句处设置断点，按 F5 键启动调试，再通过按 F11 键逐条语句地执行程序，理解程序的执行过程。

四、实验拓展

（1）在母版页中添加 TreeView 控件显示网站树型导航。

（2）在母版页中添加 Menu 控件显示网站菜单型导航。

ASP.NET Ajax

一、实验目的

（1）掌握使用 ASP.NET Ajax 技术的方法。

（2）熟练掌握 ScriptManager、UpdatePanel、Timer 和 UpdateProgress 控件的用法。

二、实验内容及要求

1. 在 ExMyPetShop 解决方案中添加 MyPetShop.WebEx12 表示层项目

要求如下：

（1）在实验 11 的基础上添加 MyPetShop.WebEx12 表示层项目。

（2）MyPetShop.WebEx12 表示层项目引用 MyPetShop.BLL 业务逻辑层项目，MyPetShop.BLL 业务逻辑层项目引用 MyPetShop.DAL 数据访问层项目。也就是说，在本实验中，MyPetShop 应用程序结构包括 MyPetShop.WebEx12 表示层项目、MyPetShop.BLL 业务逻辑层项目、MyPetShop.DAL 数据访问层项目。

2. 修改母版页 MasterPage.master 从而实现页面局部刷新的效果

要求使 MyPetShop 应用程序的页面可以局部刷新。

3. 设计并实现能自动显示下一个商品的首页

要求如下：

（1）浏览效果如图 12-1 所示。

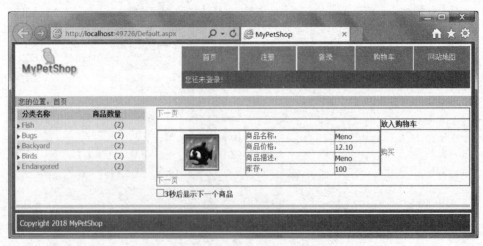

图 12-1　能自动显示下一个商品的首页浏览效果

（2）在图 12-1 中，若选中"3 秒后显示下一个商品"复选框，则过 3 秒后自动显示下一个商品。

（3）当显示完数据表中所有商品后，重新从第一个商品开始显示。

4.　设计并实现利用 UpdateProgress 控件显示任务的完成情况

要求在单击图 12-1 中的"下一页"链接时，能显示如图 12-2 所示的任务完成进度信息。

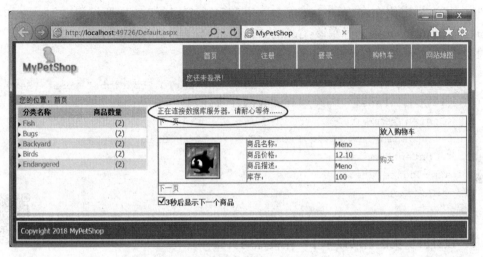

图 12-2　UpdateProgress 控件效果

三、实验步骤

1.　在 ExMyPetShop 解决方案中添加 MyPetShop.WebEx12 表示层项目

（1）为了区分不同的表示层项目，参考图 9-16 通过选择"ASP.NET 空网站"模板在 ExMyPetShop 解决方案中添加 MyPetShop.WebEx12 表示层项目。

（2）在 ExMyPetShop 解决方案中，将 MyPetShop.WebEx11 表示层项目中所有文件夹及文件复制到 MyPetShop.WebEx12 表示层项目。

（3）删除 MyPetShop.WebEx12 表示层项目下 Bin 文件夹中的 MyPetShop.BLL.dll、MyPetShop.BLL.pdb、MyPetShop.DAL.dll、MyPetShop.DAL.pdb 等文件。

（4）参考图 9-19 添加 MyPetShop.WebEx12 表示层项目对 MyPetShop.BLL 业务逻辑层项目引用。

2.　修改母版页 MasterPage.master 实现页面局部刷新的效果

（1）修改母版页 MasterPage.master。

先备份再打开 MyPetShop 应用程序中的母版页 MasterPage.master，在<form …>和<header>两个标记之间添加一个 ScriptManager 控件。完成后的部分源代码如下：

```
<form id="form1" runat="server">
  <asp:ScriptManager ID="ScriptManager1" runat="server">
  </asp:ScriptManager>
  <header class="header">
```

（2）在首页和其他内容页中添加 UpdatePanel 控件。

下面以首页 Default.aspx 为例说明具体的操作步骤。

① 先备份再打开 Default.aspx，在"源"视图中剪切 ContentPlaceHolderID 属性值为 cphRight 中的整个 GridView 控件 gvProduct。

② 在 ContentPlaceHolderID 属性值为 cphRight 的 Content 控件中添加一个 UpdatePanel 控件。

③ 将光标定位在<asp:UpdatePanel …>和</asp:UpdatePanel>两标记之间，添加一个 <ContentTemplate>元素，再在该<ContentTemplate>元素中粘贴步骤①中剪切的内容。完成后的 Default.aspx 部分源代码如下：

```
<asp:Content ID="Content3" ContentPlaceHolderID="cphRight" runat="Server">
  <asp:UpdatePanel ID="UpdatePanel1" runat="server">
    <ContentTemplate>
      <asp:GridView ID="gvProduct" …>…</asp:GridView>
    </ContentTemplate>
  </asp:UpdatePanel>
</asp:Content>
```

（3）浏览 Default.aspx 体验局部刷新的效果。

3. 设计并实现能自动显示下一个商品的页面

（1）修改实验步骤 2 中的 Default.aspx。

① 先备份再打开 Default.aspx，在<ContentTemplate>和<asp:GridView …>两标记之间添加一个 Timer 控件，设置其 ID 属性值为 tmrAutoShow、Interval 属性值为 3000、Enabled 属性值为 False。

② 在</asp:GridView>和</ContentTemplate>两标记之间添加一个 CheckBox 控件，设置其 ID 属性值为 chkAutoShow，AutoPostBack 属性值为 True，Text 属性值为"3 秒后显示下一个商品"。

③ 如图 12-3 所示，设置 UpdatePanel 控件的 Triggers 属性，指定触发器 AsyncPostBack: tmrAutoShow.Tick。

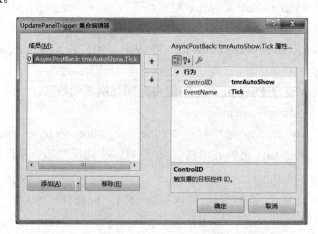

图 12-3　UpdatePanel 控件的 Triggers 属性设置

④ 完成步骤①、②、③后的 Default.aspx 部分源代码如下:

```
<asp:Content ID="Content3" ContentPlaceHolderID="cphRight" runat="Server">
  <asp:UpdatePanel ID="UpdatePanel1" runat="server">
   <ContentTemplate>
     <asp:Timer ID="tmrAutoShow" runat="server" Interval="3000"
       OnTick="TmrAutoShow_Tick" Enabled="False">
     </asp:Timer>
     <asp:GridView ID="gvProduct" …>…</asp:GridView>
     <asp:CheckBox ID="chkAutoShow" runat="server" AutoPostBack="True"
       Text="3 秒后显示下一个商品" OnCheckedChanged="ChkAutoShow_CheckedChanged" />
   </ContentTemplate>
   <Triggers>
     <asp:AsyncPostBackTrigger ControlID="tmrAutoShow" EventName="Tick" />
   </Triggers>
  </asp:UpdatePanel>
</asp:Content>
```

（2）添加 Default.aspx.cs 中的方法代码。

① 当 Timer 控件 tmrAutoShow 的 Tick 事件被触发时，实现 gvProduct 控件的自动翻页功能，执行的方法代码如下:

```
protected void TmrAutoShow_Tick(object sender, EventArgs e)
{
  int index = gvProduct.PageIndex;
  if (index == gvProduct.PageCount - 1)   //gvProduct 处于最后一页
  {
    index = 0;
  }
  else                                    //gvProduct 未处于最后一页
  {
    index += 1;
  }
  gvProduct.PageIndex = index;
}
```

② 当改变 chkAutoShow 控件的选择状态时，触发 CheckedChanged 事件，根据 chkAutoShow 控件的选择状态设置 tmrAutoShow 控件的有效状态，执行的方法代码如下:

```
protected void ChkAutoShow_CheckedChanged(object sender, EventArgs e)
{
  tmrAutoShow.Enabled = chkAutoShow.Checked;
}
```

（3）浏览 Default.aspx 进行测试。

（4）右击 MyPetShop.WebEx12 表示层项目，选择"设为启动项目"命令将 MyPetShop.

WebEx12 表示层项目设置为启动项目。在 TmrAutoShow_Tick()方法中的"if (index == gvProduct.PageCount - 1)"语句处设置断点，按 F5 键启动调试，当呈现首页浏览效果后，选中"3 秒后显示下一个商品"复选框，再通过按 F11 键逐条语句地执行程序，理解程序的执行过程。

4. 设计并实现利用 UpdateProgress 控件显示任务的完成情况

（1）修改实验步骤 3 中的 Default.aspx。

① 先备份再打开 Default.aspx。在<asp:Content …>和<asp:UpdatePanel …>两标记之间添加一个 UpdateProgress 控件，设置其 AssociatedUpdatePanelID 属性值为 UpdatePanel1。

② 在 UpdateProgress 控件中输入<ProgressTemplate>元素，再在该元素中输入文本"正在连接数据库服务器，请耐心等待……"。

③ 完成步骤①、②后的 Default.aspx 部分源代码如下：

```
<asp:Content ID="Content3" ContentPlaceHolderID="cphRight" runat="Server">
  <asp:UpdateProgress ID="UpdateProgress1" runat="server"
   AssociatedUpdatePanelID="UpdatePanel1">
    <ProgressTemplate>
        正在连接数据库服务器，请耐心等待……
    </ProgressTemplate>
  </asp:UpdateProgress>
  <asp:UpdatePanel ID="UpdatePanel1" …>
```

（2）修改 Default.aspx.cs 中的方法代码。

为了查看 UpdateProgress 控件的应用效果，在 TmrAutoShow_Tick()方法代码中人为地延时 3 秒。代码如下：

```
protected void TmrAutoShow_Tick(object sender, EventArgs e)
{
  int newPageIndex = gvProduct.PageIndex;
  if (newPageIndex == gvProduct.PageCount - 1)
  {
    newPageIndex = 0;
  }
  else
  {
    newPageIndex += 1;
  }
  gvProduct.PageIndex = newPageIndex;
  //用于感受UpdateProgress 控件效果，实际工程中需删除
  System.Threading.Thread.Sleep(3000);
}
```

（3）浏览 Default.aspx 进行测试。

四、实验拓展

（1）修改 MyPetShop.WebEx12 表示层项目中的其他页面，使各页面都能实现局部刷新的效果。

（2）在首页中添加一个时钟，以局部刷新方式动态地显示当前时间，并进行程序调试。

（3）设计一个页面，以局部刷新方式动态地显示进入页面的时间和在该页面的停留时间，并进行程序调试。

Web 服务和 WCF 服务

一、实验目的

（1）掌握建立和调用 ASP.NET Web 服务的方法。

（2）掌握建立和调用 WCF 服务的方法。

二、实验内容及要求

1. 在 ExMyPetShop 解决方案中添加 MyPetShop.WebEx13 表示层项目

要求如下：

（1）在实验 12 的基础上添加 MyPetShop.WebEx13 表示层项目。

（2）MyPetShop.WebEx13 表示层项目引用 MyPetShop.BLL 业务逻辑层项目，MyPetShop.BLL 业务逻辑层项目引用 MyPetShop.DAL 数据访问层项目。也就是说，在本实验中，MyPetShop 应用程序结构包括 MyPetShop.WebEx13 表示层项目、MyPetShop.BLL 业务逻辑层项目、MyPetShop.DAL 数据访问层项目。

2. 设计并实现一个能相互查找邮政编码和对应地区的 ASP.NET Web 服务

要求如下：

（1）服务的浏览效果如图 13-1 所示。

（2）能根据指定的邮政编码返回对应的地区名。

（3）能根据指定的地区名返回对应的邮政编码。

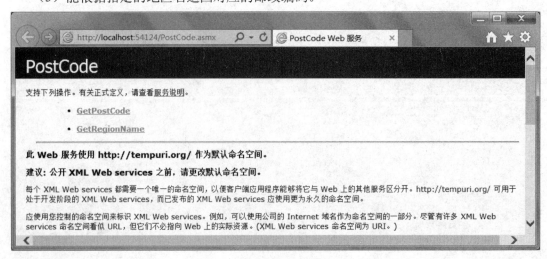

图 13-1　Web 服务浏览效果

3. 设计并实现一个根据个人身份证号码返回个人出生地的 WCF 服务

要求测试效果如图 13-2 所示。在图 13-2 中，输入 id 值后，单击"调用"按钮，将返回输入 id 值对应的省份。

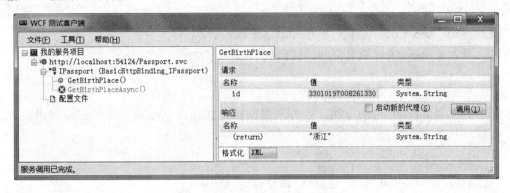

图 13-2　WCF 服务测试效果

4. 设计并实现一个天气预报查询页

要求如下：

（1）页面的浏览效果如图 13-3 所示。

（2）调用 http://www.webxml.com.cn/WebServices/WeatherWebService.asmx 提供的天气预报 Web 服务。

（3）可以选择全国主要城市，并显示该城市三天内的天气情况。

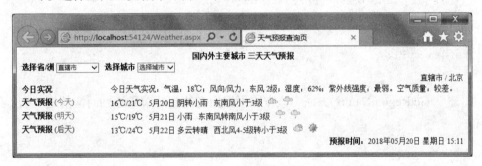

图 13-3　天气预报查询页浏览效果

三、实验步骤

1. 在 ExMyPetShop 解决方案中添加 MyPetShop.WebEx13 表示层项目

（1）为了区分不同的表示层项目，参考图 9-16 通过选择"ASP.NET 空网站"模板在 ExMyPetShop 解决方案中添加 MyPetShop.WebEx13 表示层项目。

（2）在 ExMyPetShop 解决方案中，将 MyPetShop.WebEx12 表示层项目中所有文件夹及文件复制到 MyPetShop.WebEx13 表示层项目。

（3）删除 MyPetShop.WebEx13 表示层项目下 Bin 文件夹中的 MyPetShop.BLL.dll、MyPetShop.BLL.pdb、MyPetShop.DAL.dll、MyPetShop.DAL.pdb 等文件。

（4）参考图 9-19 添加 MyPetShop.WebEx13 表示层项目对 MyPetShop.BLL 业务逻辑层

项目的引用。

2. 设计并实现一个能相互查找邮政编码和对应地区的 ASP.NET Web 服务

（1）在 MyPetShop.WebEx13 表示层项目根文件夹下添加一个 Web 服务文件 PostCode.asmx。

（2）修改 App_Code 文件夹下的 PostCode.cs。

① 导入 System.Data 命名空间。代码如下：

```
using System.Data;
```

② 建立 GetPostCode()方法，该方法根据指定的地区名返回对应的邮政编码。代码如下：

```
[WebMethod]
public string GetPostCode(string regionName)
{
  //调用自定义方法 GetPostCodeDb()获取包含邮政编码和对应地区名的数据表
  DataTable dt = GetPostCodeDb();
  for (int i = 0; i < dt.Rows.Count; i++)
  {
    //根据指定的地区名返回对应的邮政编码
    if (dt.Rows[i][0].ToString() == regionName)
    {
      return dt.Rows[i][1].ToString();
    }
  }
  return null;
}
```

③ 建立 GetRegionName()方法，该方法根据指定的邮政编码返回对应的地区名。代码如下：

```
[WebMethod]
public string GetRegionName(string postCode)
{
  //调用自定义方法 GetPostCodeDb()获取包含邮政编码和对应地区名的数据表
  DataTable dt = GetPostCodeDb();
  for (int i = 0; i < dt.Rows.Count; i++)
  {
    //根据指定的邮政编码返回对应的地区名
    if (dt.Rows[i][1].ToString() == postCode)
    {
      return dt.Rows[i][0].ToString();
    }
  }
  return null;
}
```

④　建立自定义方法 GetPostCodeDb()，该方法用来生成包含邮政编码和对应地区名的数据表，其中包含邮政编码列 Code 和地区列 Region。这里以北京市和 3 个区的邮政编码为例，实际工程中数据应来源于数据库。

```
private DataTable GetPostCodeDb()
{
  DataTable dt = new DataTable("PostCode");//以表名 PostCode 创建数据表对象 dt
  DataColumn dc = new DataColumn("Code"); //创建数据列 Code
  dc.DataType = System.Type.GetType("System.String"); //指定数据列的数据类型
  dt.Columns.Add(dc);  //添加数据列 Code 到数据表对象 dt 中
  dc = new DataColumn("Region");
  dt.Columns.Add(dc);
  //添加数据行到数据表对象 dt 中
  DataRow dr = dt.NewRow();
  dr[0] = "北京市";
  dr[1] = "100000";
  dt.Rows.Add(dr);
  dr = dt.NewRow();
  dr[0] = "西城区";
  dr[1] = "100032";
  dt.Rows.Add(dr);
  dr = dt.NewRow();
  dr[0] = "东城区";
  dr[1] = "100010";
  dt.Rows.Add(dr);
  dr = dt.NewRow();
  dr[0] = "海淀区";
  dr[1] = "100080";
  dt.Rows.Add(dr);
  return dt;  //返回包含邮政编码和对应地区名的数据表对象 dt
}
```

（3）浏览 PostCode.asmx 进行测试。

3. 设计并实现一个根据个人身份证号码返回个人出生地的 WCF 服务

（1）在 MyPetShop.WebEx13 表示层项目根文件夹下添加一个 WCF 服务文件 Passport.svc。

（2）在 IPassport.cs 文件中添加 WCF 服务的接口代码，其中，GetBirthPlace()方法的功能是根据指定的个人身份证号码返回个人出生地所在省（自治区、直辖市）的名称。代码如下：

```
[ServiceContract]
public interface IPassport
{
  [OperationContract]
```

```
//根据个人身份证号码 id 返回个人出生地所在省（自治区、直辖市）的名称
string GetBirthPlace(string id);
}
```

（3）将用于实现接口的 Passport.cs 中的代码修改为如下形式：

```
public class Passport : IPassport
{
    public string GetBirthPlace(string id)
    {
        string[,] placeNameCode = { { "北京", "11" }, { "天津", "12" },
        { "河北", "13" }, { "山西", "14" },{ "内蒙古", "15" }, { "辽宁", "21" },
        { "吉林", "22" }, { "黑龙江", "23" }, { "上海", "31" }, { "江苏", "32" },
        { "浙江", "33" }, { "安徽", "34" }, { "福建", "35" }, { "江西", "36" },
        { "山东", "37" }, { "河南", "41" }, { "湖北", "42" }, { "湖南", "43" },
        { "广东", "44" }, { "广西", "45" }, { "海南", "46" }, { "重庆", "50" },
        { "四川", "51" }, { "贵州", "52" }, { "云南", "53" }, { "西藏", "54" },
        { "陕西", "61" }, { "甘肃", "62" }, { "青海", "63" }, { "宁夏", "64" },
        { "新疆", "65" } };
        //取身份证号码前两位，即个人出生地所在省（自治区、直辖市）的编码
        string placeCode = id.Substring(0, 2);
        for (int i = 0; i < placeNameCode.GetLength(0); i++)
        {
            if (placeNameCode[i, 1] == placeCode)
            {
                return placeNameCode[i, 0];//返回个人出生地所在省（自治区、直辖市）的名称
            }
        }
        return null;
    }
}
```

上述代码中，我国大陆地区的省（自治区、直辖市）名称和编码的对应关系保存在 placeNameCode 数组中。实际工程中数据应来源于数据库。

（4）右击 MyPetShop.WebEx13 表示层项目，选择"设为启动项目"命令将 MyPetShop. WebEx13 设置为启动项目。然后，在"解决方案资源管理器"窗口中选择 Passport.svc 或 Passport.cs，按 F5 键进行调试。

4. 设计并实现一个天气预报查询页

（1）在 MyPetShop 应用程序中添加服务引用。

右击 MyPetShop.WebEx13 表示层项目，选择"添加"→"服务引用"命令，在呈现的对话框中单击"高级"按钮，再在呈现的对话框中单击"添加 Web 引用"按钮，呈现如图 13-4 所示的对话框。在 URL 文本框中输入 http://www.webxml.com.cn/WebServices/Weather WebService.asmx，单击回按钮将显示该 Web 服务的有关信息。在"Web 引用名"文本框中输入 WeatherServiceRef。单击"添加引用"按钮，会自动将该 Web 服务的代理文件添加到

MyPetShop.WebEx13 表示层项目根文件夹的 App_WebReferences 文件夹下。

（2）下载天气图标。

如图 13-5 所示，在浏览器中输入天气预报 Web 服务的地址，单击"下载天气图标"链接，将包含天气状况图片文件的压缩包下载并解压到网站的 Images 文件夹中。

（3）设计天气预报查询页 Weather.aspx。

在 MyPetShop.WebEx13 表示层项目根文件夹下添加一个 Web 窗体 Weather.aspx。如图 13-6 所示，在"设计"视图中添加一个用于布局的表格。在表格相应单元格中输入"国内外主要城市……"等信息；添加两个 DropDownList 控件，分别用于绑定"省/洲"和对应"省/洲"的城市名；添加一组 Label 控件用于显示天气、城市、预报时间等；添加一组 Image 控件用于显示天气状况图片。适当调整各控件的位置。参考图 13-3 设置各单元格的样式。如表 13-1 所示，设置各控件的属性。

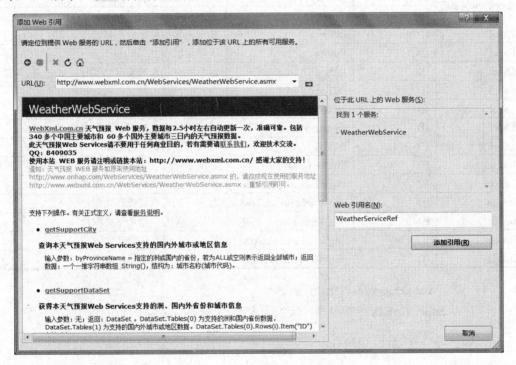

图 13-4　"添加 Web 引用"对话框

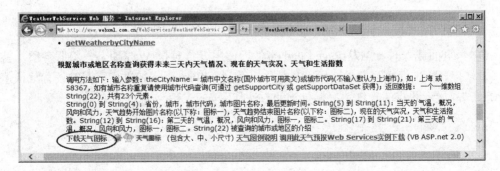

图 13-5　下载天气图标

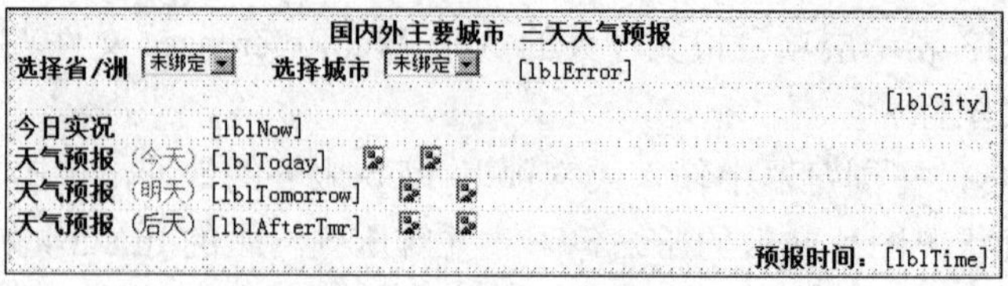

图 13-6　天气预报查询页设计界面

表 13-1　各控件的属性设置表

控　件	属　性　名	属　性　值	说　　明
DropDownList	ID	ddlProvince	"洲或省（直辖市）"下拉列表框的编程名称
	AutoPostBack	True	当改变当前列表项内容后，自动触发页面往返
DropDownList	ID	ddlCity	"城市"下拉列表框的编程名称
	AutoPostBack	True	当改变当前列表项内容后，自动触发页面往返
Label	ID	lblError	显示出错信息
Label	ID	lblCity	选择的城市
Label	ID	lblNow	显示现在的天气实况
Label	ID	lblToday	当天的气温、概况、风向和风力
Label	ID	lblTomorrow	明天的气温、概况、风向和风力
Label	ID	lblAfterTmr	后天的气温、概况、风向和风力
Label	ID	lblTime	天气预报数据最后更新时间
Image	ID	imgWeathertrendsTdS	显示今天天气趋势开始图片
Image	ID	imgWeathertrendsTdE	显示今天天气趋势结束图片
Image	ID	imgWeathertrendsTmS	显示明天天气趋势开始图片
Image	ID	imgWeathertrendsTmE	显示明天天气趋势结束图片
Image	ID	imgWeathertrendsAfS	显示后天天气趋势开始图片
Image	ID	imgWeathertrendsAfE	显示后天天气趋势结束图片

（4）编写 Weather.aspx.cs 中的方法代码。

① 在 Weather.aspx.cs 中需要导入天气预报 Web 服务的命名空间。代码如下：

```
using WeatherServiceRef;
```

② 在所有方法代码外声明一个 WeatherWebService 类实例，使得该对象可在多个方法中使用。代码如下：

```
WeatherWebService weather = new WeatherWebService();
```

③ 当页面载入时，触发 Page.Load 事件，调用天气预报 Web 服务，将服务所支持的省（直辖市、特别行政区）或洲代码及名称填充到 ddlProvince 控件中，同时设置默认值为"北京市"，显示北京的天气情况，执行的方法代码如下：

```
protected void Page_Load(object sender, EventArgs e)
{
  try
  {
```

```
    //获得天气预报服务支持的洲、国内外省份和城市信息，并保存到 DataSet 对象 ds 中
    DataSet ds = weather.getSupportDataSet();
    if (!IsPostBack)
    {
      DataTable dt = ds.Tables[0];
      ddlProvince.DataSource = dt;
      //将支持的洲、国内省份（直辖市、特别行政区）代码绑定到 DataValueField
      ddlProvince.DataValueField = "ID";
      //将支持的洲、国内省份（直辖市、特别行政区）名称绑定到 DataTextField
      ddlProvince.DataTextField = "Zone";
      ddlProvince.DataBind();
      dllCity.SelectedIndex = 1;
      //调用自定义方法 CityDataBind()，"1"表示直辖市
      CityDataBind("1");
      //调用自定义方法 GetWeatherByCode()，"54511"表示北京
      GetWeatherByCode("54511");
    }
  }
  catch (Exception ee)
  {
    lblError.Text = ee.Message;
  }
}
```

④ 建立自定义方法 CityDataBind()，该方法将指定区域编号对应的城市名和城市代码填充到"城市"下拉列表框中。代码如下：

```
protected void CityDataBind(string zoneID)
{
  DataView dv = new DataView(weather.getSupportDataSet().Tables[1]);
  //筛选的条件是 ZoneID 的值等于 zoneID 的值
  dv.RowFilter = "[ZoneID] = " + zoneID;
  dllCity.DataSource = dv;
  //选择数据视图 dv 中的城市名数据列 Area 绑定到 DataTextField
  dllCity.DataTextField = "Area";
  dllCity.DataValueField = "AreaCode";
  dllCity.DataBind();
  dllCity.Items.Insert(0, new ListItem("选择城市", "0"));
  dllCity.SelectedIndex = 0;
}
```

⑤ 建立自定义方法 GetWeatherByCode()，该方法根据指定的城市代码查询未来 3 天内天气情况和现在的天气实况。代码如下：

```
protected void GetWeatherByCode(string cityCode)
{
```

```
//返回值存放在 wa 数组中，共有 23 个元素
String[] wa = weather.getWeatherbyCityName(cityCode.Trim());
lblNow.Text = wa[10];  // 现在的天气实况
//当天的气温、概况、风向和风力
lblToday.Text = wa[5] + "   " + wa[6]
    + "   " + wa[7];
//明天的气温、概况、风向和风力
lblTomorrow.Text = wa[12] + "   " + wa[13]
    + "   " + wa[14];
//后天的气温、概况、风向和风力
lblAfterTmr.Text = wa[17] + "   " + wa[18]
    + "   " + wa[19];
//最后更新时间
lblTime.Text =
    DateTime.Parse(wa[4]).ToString("yyyy 年 MM 月 dd 日 dddd HH:mm");
lblCity.Text = wa[0] + " / " + wa[1];  //选择的省份、城市
//显示天气趋势开始图片名称(简称图标一)和天气趋势结束图片名称(简称图标二)
imgWeathertrendsTdS.ImageUrl = "~/Images/Weather/" + wa[8];//今天的图标一
imgWeathertrendsTdE.ImageUrl = "~/Images/Weather/" + wa[9];//今天的图标二
imgWeathertrendsTmS.ImageUrl = "~/Images/Weather/" + wa[15];//明天的图标一
imgWeathertrendsTmE.ImageUrl = "~/Images/Weather/" + wa[16];//明天的图标二
imgWeathertrendsAfS.ImageUrl = "~/Images/Weather/" + wa[20];//后天的图标一
imgWeathertrendsAfE.ImageUrl = "~/Images/Weather/" + wa[21];//后天的图标二
}
```

⑥ 当在"洲或省（直辖市）"下拉列表框中选择不同项时，触发 SelectedIndexChanged 事件，调用自定义方法 CityDataBind()将该洲或省（直辖市）下的主要城市绑定到 dllCity 控件中，执行的方法代码如下：

```
protected void ddlProvince_SelectedIndexChanged(object sender, EventArgs e)
{
    CityDataBind(ddlProvince.SelectedItem.Value.Trim());
                                            //调用自定义方法 CityDataBind()
}
```

⑦ 当在"城市"下拉列表框选择不同的城市时，触发 SelectedIndexChanged 事件，调用自定义方法 GetWeatherByCode()显示所选城市未来 3 天内的天气状况，执行的方法代码如下：

```
protected void ddlCity_SelectedIndexChanged(object sender, EventArgs e)
{
    if (dllCity.Items[0].Value == "0")
    {
        dllCity.Items.RemoveAt(0);
    }
    GetWeatherByCode(dllCity.SelectedItem.Value.Trim());
```

//调用自定义方法 GetWeatherByCode()
}

（5）浏览 Weather.aspx 进行测试。

（6）在 Weather.aspx.cs 的"if (!IsPostBack)"语句处设置断点，选择 Weather.aspx，按 F5 键启动调试，再通过按 F11 键逐条语句地执行程序，查看 dt 等对象，理解程序的执行过程。

四、实验拓展

（1）扩展 ASP.NET Web 服务，要求如下：

① 将邮政编码数据保存到 MyPetShop 数据库的 PostCode 数据表中。

② 实现从 PostCode 数据表中相互查询邮政编码和对应地区名的功能。

③ 基于 ASP.NET 三层架构实现数据访问和操作。

（2）扩展 WCF 服务，要求如下：

① 将我国大陆地区的省（自治区、直辖市）名称和编码数据保存到 MyPetShop 数据库的 PlaceNameCode 数据表中。

② 能根据个人身份证号码查询个人出生地信息。

③ 能根据身份证号码查询出生年月和性别信息。

④ 基于 ASP.NET 三层架构实现数据访问和操作。

（3）建立两个页面，分别用于调用扩展后的 ASP.NET Web 服务和 WCF 服务，并进行程序调试。

（4）将天气预报查询页改写为用户控件，再添加到 MyPetShop.WebEx13 表示层项目的首页中。

文件管理

一、实验目的

（1）掌握 Web 服务器上驱动器和文件夹的操作。

（2）掌握 Web 服务器上文件的操作。

（3）掌握 Web 服务器上读写文件的方法。

（4）掌握文件的上传操作。

二、实验内容及要求

1. 在 ExMyPetShop 解决方案中添加 MyPetShop.WebEx14 表示层项目

要求如下：

（1）在实验 13 的基础上添加 MyPetShop.WebEx14 表示层项目。

（2）MyPetShop.WebEx14 表示层项目引用 MyPetShop.BLL 业务逻辑层项目，MyPetShop.BLL 业务逻辑层项目引用 MyPetShop.DAL 数据访问层项目。也就是说，在本实验中，MyPetShop 应用程序结构包括 MyPetShop.WebEx14 表示层项目、MyPetShop.BLL 业务逻辑层项目、MyPetShop.DAL 数据访问层项目。

2. 设计并实现一个简易的留言簿

要求如下：

（1）浏览效果如图 14-1 所示。

（2）每条留言包含留言人、留言内容和留言时间。

（3）每条留言单独保存为一个文本文件，并保存到 MyPetShop.WebEx14 表示层项目根文件夹下的 GuestBook 子文件夹。保存时要选择合适的文件名，以解决文件重名问题。

（4）如图 14-2 所示，若留言人或内容未输入信息，则提示用户填入相应信息；若两者都不为空，则保存留言到文本文件中。

3. 设计并实现一个 Web 文件管理器

要求如下：

（1）浏览效果如图 14-3 所示。

（2）页面首次载入时，以 MyPetShop.WebEx14 表示层项目根文件夹为当前路径，遍历显示该文件夹下所有的子文件夹和文件，在左边的列表框中显示所有的子文件夹名，右边的列表框中显示当前路径下的所有文件名。

（3）当单击左边列表框中的文件夹名时，改变当前文件夹并刷新页面。

（4）当单击"上一级文件夹"按钮时，若存在当前文件夹的父文件夹，则将该父文件夹设置为当前文件夹并刷新页面，否则不改变当前文件夹。

（5）当单击"上传文件到当前文件夹"按钮时，可以将选择的文件上传到当前文件夹并给出提示信息，如图 14-4 所示。

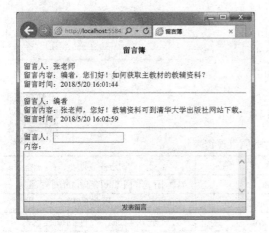
图 14-1 "留言簿"浏览效果（1）

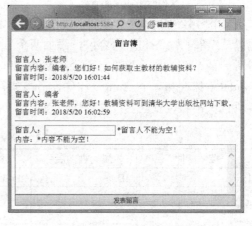
图 14-2 "留言簿"浏览效果（2）

图 14-3 "Web 文件管理器"浏览效果（1）

图 14-4 "Web 文件管理器"浏览效果（2）

三、实验步骤

1. 在 ExMyPetShop 解决方案中添加 MyPetShop.WebEx14 表示层项目

（1）为了区分不同的表示层项目，参考图 9-16，通过选择"ASP.NET 空网站"模板在 ExMyPetShop 解决方案中添加 MyPetShop.WebEx14 表示层项目。

（2）在 ExMyPetShop 解决方案中，将 MyPetShop.WebEx13 表示层项目中所有文件夹及文件复制到 MyPetShop.WebEx14 表示层项目。

（3）删除 MyPetShop.WebEx14 表示层项目下 Bin 文件夹中的 MyPetShop.BLL.dll、MyPetShop.BLL.pdb、MyPetShop.DAL.dll、MyPetShop.DAL.pdb 等文件。

（4）参考图 9-19，添加 MyPetShop.WebEx14 表示层项目对 MyPetShop.BLL 业务逻辑层项目的引用。

2. 设计并实现一个简易的留言簿

（1）在 MyPetShop.WebEx14 表示层项目根文件夹下添加一个 Web 窗体 GuestBook.aspx。

（2）设计 GuestBook.aspx。

如图 14-5 所示，在"设计"视图中输入"留言簿""留言人："和"内容："，添加两个 Label 控件、两个 TextBox 控件、两个 RequiredField-Validator 控件和一个 Button 控件，适当调整各控件的大小和位置。各控件的属性设置如表 14-1 所示。

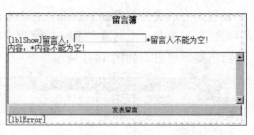

图 14-5　留言簿设计界面

表 14-1　各控件的属性设置表

控　件	属 性 名	属 性 值	说　明
Label	ID	lblShow	显示留言的 Label 控件的编程名称
TextBox	ID	txtAuthor	"留言人"文本框的编程名称
RequiredFieldValidator	ID	rfvAuthor	"必须输入验证"控件的编程名称
	ControlToValidate	txtAuthor	验证"留言人"文本框
	ErrorMessage	*留言人不能为空！	验证无效时提示的错误信息
TextBox	ID	txtMessage	"内容"文本框的编程名称
	TextMode	MultiLine	多行文本模式
RequiredFieldValidator	ID	rfvMessage	"必须输入验证"控件的编程名称
	ControlToValidate	txtMessage	验证"内容"文本框
	ErrorMessage	*内容不能为空！	验证无效时提示的错误信息
Button	ID	btnSubmit	"发表留言"按钮的编程名称
	Text	发表留言	"发表留言"按钮上显示的文本
Label	ID	lblError	显示错误信息的 Label 控件的编程名称

（3）编写 GuestBook.aspx.cs 中的方法代码。

①　在所有方法代码外声明一个用于存储留言文件路径的 string 类型变量 guestBookDir，使该对象可在多个方法代码中使用。代码如下：

```
private string guestBookDir;
```

②　当页面载入时，触发 Page.Load 事件。若页面为首次载入，则检查用于保存留言文件的文件夹 GuestBook 是否存在，若不存在则新建该文件夹，否则读取该文件夹中的所有留言文件，并在 lblShow 控件中显示所有留言文件的内容，执行的方法代码如下：

```
protected void Page_Load(Object sender, EventArgs e)
{
    guestBookDir = Server.MapPath("GuestBook");
    if (!IsPostBack)
    {
        //保存留言文件的文件夹为网站根文件夹下的GuestBook，若该文件夹不存在则新建
        if (!Directory.Exists(guestBookDir))
```

```
    {
        Directory.CreateDirectory(guestBookDir);
        return;
    }
    //读取历史留言文件并显示在 lblShow 中
    DirectoryInfo dirInfo = new DirectoryInfo(guestBookDir);
    foreach (FileInfo fileInfo in dirInfo.GetFiles())
    {
        //读取留言，每条留言包含 3 行信息，分别是"留言人""留言内容"和"留言时间"
        StreamReader sr = fileInfo.OpenText();
        string strAuthor = sr.ReadLine();
        string strTime = sr.ReadLine();
        string strMessage = sr.ReadLine();
        sr.Close();
        //显示留言
        lblShow.Text = lblShow.Text + "留言人：" + strAuthor + "<br />";
        lblShow.Text = lblShow.Text + "留言内容：" + strMessage + "<br />";
        lblShow.Text = lblShow.Text + "留言时间：" + strTime + "<hr />";
    }
}
```

③ 当单击"发表留言"按钮时，若留言人和内容都非空，则将留言信息保存到文本文件中，同时更新留言显示控件 lblShow，执行的方法代码如下：

```
protected void btnSubmit_Click(object sender, EventArgs e)
{
    string strAuthor = txtAuthor.Text;
    string strMessage = txtMessage.Text;
    string strTime = DateTime.Now.ToString();
    try
    {
        //产生不重名的留言文件名
        Random random = new Random();
        string fileName = DateTime.Now.Ticks.ToString()
            + random.Next(100).ToString();
        //获取留言文件的完整物理路径
        string pathName = Path.Combine(guestBookDir, fileName);
        FileInfo newFile = new FileInfo(pathName);
        StreamWriter sw = newFile.CreateText();
        //保存留言到文件
        sw.WriteLine(strAuthor);
        sw.WriteLine(strTime);
        sw.WriteLine(strMessage);
        sw.Flush();
        sw.Close();
```

```
//显示新留言
lblShow.Text = lblShow.Text + "留言人: " + strAuthor + "<br />";
lblShow.Text = lblShow.Text + "留言内容: " + strMessage + "<br />";
lblShow.Text = lblShow.Text + "留言时间: " + strTime + "<hr />";
txtAuthor.Text = "";
txtMessage.Text = "";
}
catch (Exception ee)
{
    lblError.Text = ee.Message + "文件保存失败!";
}
}
```

（4）浏览 GuestBook.aspx 进行测试。

（5）右击 MyPetShop.WebEx14 表示层项目，选择"设为启动项目"命令将 MyPetShop.WebEx14 设置为启动项目。在 GuestBook.aspx.cs 文件中的"if (!IsPostBack)"语句处设置断点，按 F5 键启动调试，再通过按 F11 键逐条语句地执行程序，理解程序的执行过程。

3. 设计并实现一个 Web 文件管理器

（1）在 MyPetShop.WebEx14 表示层项目根文件夹下添加一个 Web 窗体 FileExplorer.aspx。

（2）设计 FileExplorer.aspx。

如图 14-6 所示，在"设计"视图中添加一个用于布局的 5 行、2 列表格。在表格的相应单元格中输入"当前路径:""文件夹:"和"文件:"，添加一个 Label 控件、两个 ListBox 控件、两个 Button 控件和一个 FileUpload 控件。在表格外添加一个 Label 控件。适当调整各控件的大小和位置。各控件的属性设置如表 14-2 所示。

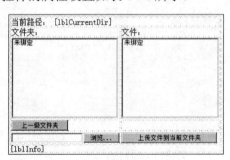

图 14-6　Web 文件管理器设计界面

表 14-2　各控件的属性设置表

控　件	属　性	属　性　值	说　明
Label	ID	lblCurrentDir	显示当前路径的 Label 控件的编程名称
ListBox	ID	lstDirs	"文件夹"列表框控件的编程名称
	AutoPostBack	True	当改变当前列表项内容后，自动触发页面往返
ListBox	ID	lstFiles	"文件"列表框控件的编程名称

续表

控 件	属 性	属 性 值	说 明
Button	ID	btnParent	"上一级文件夹"按钮的编程名称
	Text	上一级文件夹	"上一级文件夹"按钮上显示的文本
FileUpload	ID	fupUploader	"文件上传"控件的编程名称
Button	ID	btnUpLoad	"上传文件到当前文件夹"按钮的编程名称
	Text	上传文件到当前文件夹	"上传文件到当前文件夹"按钮上显示的文本
Label	ID	lblInfo	显示操作情况的 Label 控件编程名称

（3）编写 FileExplorer.aspx.cs 中的方法代码。

① 当页面载入时，触发 Page.Load 事件，若页面为首次载入，则以 MyPetShop.WebEx14 表示层项目根文件夹为当前文件夹，将该文件夹下的所有文件名添加到 lstFiles 控件中，再将该文件夹下的所有子文件夹名添加到 lstDirs 控件中，执行的方法代码如下：

```
protected void Page_Load(object sender, EventArgs e)
{
  if (!IsPostBack)
  {
    //MyPetShop.WebEx14 表示层项目根文件夹为当前文件夹
    string strPhysicalPath = Request.PhysicalApplicationPath;
    lblCurrentDir.Text = strPhysicalPath;
    //调用自定义方法 ShowFilesIn(),更新文件列表框 lstFiles
    ShowFilesIn(strPhysicalPath);
    //调用自定义方法 ShowDirectoriesIn(),更新子文件夹列表框 lstDirs
    ShowDirectoriesIn(strPhysicalPath);
  }
}
```

② 建立自定义方法 ShowFilesIn()，该方法将指定路径中的所有文件名添加到 lstFiles 控件中。代码如下：

```
private void ShowFilesIn(string dir)
{
  lstFiles.Items.Clear();
  try
  {
    DirectoryInfo dirInfo = new DirectoryInfo(dir);
    foreach (FileInfo fileInfo in dirInfo.GetFiles())
    {
      lstFiles.Items.Add(fileInfo.Name);
    }
  }
  catch (Exception ee)
  {
    lblInfo.Text = ee.Message.ToString();
```

```
  }
}
```

③ 建立自定义方法 ShowDirectoriesIn()，该方法将指定路径中的所有子文件夹名添加
到 lstDirs 控件中。代码如下：

```
private void ShowDirectoriesIn(string dir)
{
  lstDirs.Items.Clear();
  try
  {
   DirectoryInfo dirInfo = new DirectoryInfo(dir);
   foreach (DirectoryInfo subDirInfo in dirInfo.GetDirectories())
   {
     lstDirs.Items.Add(subDirInfo.Name);
   }
  }
  catch (Exception ee)
  {
    lblInfo.Text = ee.Message.ToString();
  }
}
```

④ 当改变文件夹列表框 lstDirs 中的选择项，即改变当前文件夹时，触发 SelectedIndex-
Changed 事件，更新 lblCurrentDir 控件的当前路径信息，同时更新文件夹列表框 lstDirs 中
的子文件夹信息和文件列表框中的文件名信息，执行的方法代码如下：

```
protected void lstDirs_SelectedIndexChanged(object sender, EventArgs e)
{
  //更新当前文件夹的显示信息，并更新文件和子文件夹列表框
  if (lstDirs.SelectedIndex != -1)
  {
    string strNewDir = Path.Combine(lblCurrentDir.Text,
      lstDirs.SelectedItem.Text);
    lblCurrentDir.Text = strNewDir;
    ShowFilesIn(strNewDir);          //更新文件列表框 lstFiles
    ShowDirectoriesIn(strNewDir);    //更新子文件夹列表框 lstDirs
  }
}
```

⑤ 当单击"上一级文件夹"按钮时，触发 Click 事件，若存在当前文件夹的父文件夹，
则以该父文件夹为当前文件夹并更新子文件夹列表框 lstDirs 和文件列表框 lstFiles，否则不
改变当前文件夹，执行的方法代码如下：

```
protected void btnParent_Click(object sender, EventArgs e)
{
```

```
//利用 Directory.GetParent()方法获取父文件夹
if (Directory.GetParent(lblCurrentDir.Text) != null)
{
  string strNewDir = Directory.GetParent(lblCurrentDir.Text).FullName;
  lblCurrentDir.Text = strNewDir;
  ShowFilesIn(strNewDir);         //更新文件列表框 lstFiles
  ShowDirectoriesIn(strNewDir);  //更新子文件夹列表框 lstDirs
}
}
```

⑥ 当单击"上传文件到当前文件夹"按钮时，触发 Click 事件，将选择的文件上传到当前文件夹并给出提示信息，执行的方法代码如下：

```
protected void btnUpload_Click(object sender, EventArgs e)
{
  if (fupUploader.PostedFile.FileName == "")     //无文件提交
  {
    lblInfo.Text = "无文件提交！";
  }
  else                                    //以原文件名上传到当前文件夹
  {
    //获取需上传文件的文件名
    string strSaveFileName =
      Path.GetFileName(fupUploader.PostedFile.FileName);
    string strFullUploadPath =
      Path.Combine(lblCurrentDir.Text,strSave FileName);
    try
    {
      //上传文件
      fupUploader.PostedFile.SaveAs(strFullUploadPath);
      lblInfo.Text = "提示：" + strSaveFileName;
      lblInfo.Text += "成功上传到：";
      lblInfo.Text += strFullUploadPath;
      ShowFilesIn(lblCurrentDir.Text);  //更新文件列表框 lstFiles
    }
    catch (Exception ee)
    {
      lblInfo.Text = ee.Message;
    }
  }
}
```

（4）浏览 FileExplorer.aspx 进行测试。

（5）在 Page_Load()方法中的"ShowFilesIn(strPhysicalPath);"语句处设置断点，按 F5 键启动调试，再通过按 F11 键逐条语句地执行程序，理解程序的执行过程。

四、实验拓展

（1）扩展留言簿程序，要求留言内容不超过 50 个汉字，留言人不超过 8 个汉字，并进行程序调试。

（2）扩展 Web 文件管理器程序，要求如下：

① 只能操作 MyPetShop.WebEx14 表示层项目根文件夹下的内容。

② 添加创建文件和文件夹的功能。

③ 添加删除文件和文件夹的功能。

④ 能在文件夹和文件名前根据不同的类型显示相应的图标。

⑤ 进行程序调试。

（3）在 MyPetShop.WebEx14 表示层项目中建立用于后台管理商品的页面，要求如下：

① 能增加、删除和修改商品信息。

② 在增加或修改商品信息时可上传相应商品的图片文件。

③ 进行程序调试。

第二部分

课程设计选题

本部分总体要求：

（1）不同小组只能选择不同的题目。

（2）经过指导老师同意后可以自主选择题目。

（3）建议一个小组成员为 3~4 人。

（4）必须基于 VSC 2017 或更高的版本进行开发。

（5）必须使用代码隐藏技术。

（6）必须包含 XHTML5、CSS3、jQuery、Bootstrap、LINQ、ASP.NET 三层架构和 ASP.NET Ajax 等技术的应用。

（7）每位同学提交的设计报告必须有差异，可以按不同模块撰写。

（8）每位同学对提交的程序要清楚代码含义，提交报告时会询问代码。

（9）每个小组提交一份包含程序所有运行界面截图的 Word 文档。

基于 ASP.NET 的软件外包项目管理系统

一、系统概述

软件外包就是企业为了专注核心竞争力业务和降低软件项目成本，将软件项目中的全部或部分工作发包给提供外包服务的公司，再由其完成的软件需求活动。外包是软件全球化环境下，软件生产在全球进行资源有效配置的必然产物。

软件外包服务公司通过提供软件外包服务能为其客户降低开发成本，在整个软件外包服务过程中，项目的成功交付更重要。如果项目交付失败，他们将因失去客户而得不偿失。因此，为了获得更多的外包业务，提高项目交付成功率是软件外包服务公司的首要目标。

区别于其他产品类型的外包服务公司，软件外包服务公司所涉及的业务领域非常广，项目包含的技术种类非常多。具体业务主要是为各行各业的用户量身定制解决方案，其中，每个解决方案都可能需要多种技术来实现。外包项目的整个生命周期包括了项目的洽谈、启动、执行以及交付阶段。对于软件外包服务公司，项目能够成功交付的重点在于项目执行阶段。在这一阶段，项目成员之间以及与公司高层之间的信息交流格外重要。另外，做好软件外包项目管理，能基于历史项目为未来同类项目的管理提供借鉴。

ABC 软件外包服务公司当前同时开展超过 30 个外包项目，另外，公司从成立以来为客户提供软件外包服务的项目超过 200 个。但一直以来，所有项目信息都是以 Word 和 Excel 文档的形式保存在公司资料库中，产生了诸多问题。例如，公司高层难以通过方便的途径了解所有项目的基本信息和运行情况，项目组成员无法清晰地了解项目整体运行情况，项目经理难以寻找历史项目从而可以快速地进行新项目规划。

因此，ABC 软件外包服务公司需要一个软件外包项目管理系统来完成对全公司项目资源的整合以及对项目进行有效管理。

根据软件外包项目的特点，该系统主要分成项目经理、开发人员、公司高层三个角色。具体功能如图设 1-1 所示，包括注册登录、项目创建、项目计划、项目人员、项目状态、人员信息、项目搜索、统计分析等功能。

二、各个模块的具体功能和要求

1. 注册登录

注册登录模块实现用户注册登录功能，其中用户类型包括项目经理、开发人员和高层领导。在注册时，用户信息包括姓名、昵称、性别、邮箱、手机、密码等。在登录时，所有用户都以工号作为登录账号，再输入密码进行登录。另外，对所有用户还要求实现密码修改和根据邮箱找回密码功能。

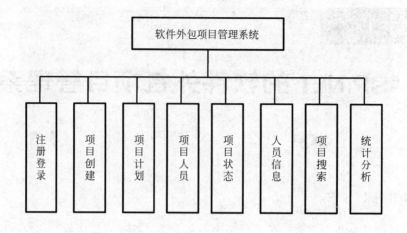

图设 1-1　软件外包项目管理系统功能模块

2. 项目创建

项目经理能够创建新项目，录入完整的项目信息，包括项目名称、类别、背景、所需技能等。其中，所需技能不是用户直接输入，而是通过选择进行输入。另外，一个项目一般需要多种技能。

3. 项目计划

项目经理能够安排项目执行计划，包括项目的起始日期、结束日期等。

4. 项目人员

项目经理能通过系统查询技能匹配的员工，并将员工加入到项目中，也能将项目成员从项目中移除。

5. 项目状态

项目经理可以更新项目的状态，具体包括创建、启动、完成、交付等状态。

6. 人员信息

开发人员可以对个人信息进行更新，包括姓名、性别、生日、技能、工作经历、头像等。其中，技能不是用户直接输入，而是通过选择进行输入。

7. 项目搜索

系统可以提供方便的搜索功能，所有用户能对项目信息进行查询，并在查询结果页面显示相应的项目列表信息。另外，需要说明的是，本功能无角色限制。

8. 统计分析

高层领导可以查看系统中所有项目的统计分析，并且以统计图表或者统计报表的形式呈现。其中，要进行统计分析的内容可以自定义。

基于 ASP.NET 的大学生交流网站

一、系统概述

很多大学生喜欢在网络中展示自我，因此，各类大学生交流互动网站都很活跃。但是，很多大学生交流网站都是以课外兴趣爱好展示、交友等为主题，而大学生活重要的一个目标是专业的发展。本设计的要求是创建一个以单个大学为范围、以单个专业为主题的大学生交流网站，能吸引相关专业学生积极加入交流。

建立大学生交流网站的主要目的是通过分享、评价等方式影响和促进大学生个体专业发展，在课外找到一个适合专业学习发展的方向。

通过大学生交流网站，大学生能分享自己的专业学习计划、项目论文、竞赛作品等内容，然后大家互相评价，评价高的内容可以获取一定积分，相应的积分可以兑换奖品。大学生还可以记录自己的状态，包括学习、实习、就业等。

设计大学生交流网站时应限定具体的专业，例如计算机科学与技术、网络工程、会计学、临床医学等。网站还需要设定一个副标题，并在其中体现专业元素。具体功能模块如图设 2-1 所示。

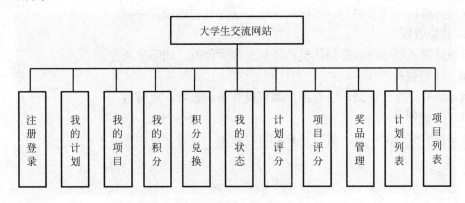

图设 2-1　大学生交流网站功能模块

二、各个模块的具体功能和要求

1. 注册登录

注册登录模块实现大学生用户注册、大学生用户和管理员登录功能。在注册时，大学生信息包括学号、班级、姓名、密码、邮件、昵称、性别、个性签名等。在登录时，大学生以学号作为登录账号，再输入密码进行登录。另外，还要求实现密码修改和根据邮箱找回密码功能。管理员作为系统内置账号，无须注册，但是需要有修改密码功能。

2. 我的计划

大学生登录后，可以在"我的计划"功能模块中创建计划、修改计划、分享计划以及对自己进行评价。其中，"计划"主要包含作者 Id、名称、昵称、内容（内含图文）、时间范围、自我评价、点赞数量、评分等信息。

3. 我的项目

大学生登录后，可以在"我的项目"功能模块中创建项目、修改项目、分享项目以及对自己进行评价。其中，项目主要包含作者 Id、名称、类型、昵称、内容（内含图文）、自我评价、点赞数量、评分等信息。

4. 我的积分

大学生登录后，可以查看自己的积分，其中，积分来自分享的计划和项目评分。系统可以根据点赞数量给予用户一定的积分，管理员也可以给予某个计划或项目一定的积分。

5. 积分兑换

积分兑换页面用于展示所有可以兑换的奖品，大学生可以使用自己的积分兑换奖品。具体发放奖品时，由管理员在线下进行，发放成功后管理员需要把这条兑换记录信息的状态修改为"已兑换"。

6. 我的状态

大学生登录后，可以修改自己的状态，包括在校学习、校外实习、工作等。

7. 计划评分

管理员可以给计划评分，相应的分值记录保存在该计划中。

8. 项目评分

管理员可以给项目评分，相应的分值记录保存在该项目中。

9. 奖品管理

管理员对系统中可以兑换的奖品进行创建、修改、删除等操作。

10. 计划列表

展示所有分享的计划，所有用户都可以查询、查看、点赞等。

11. 项目列表

展示所有分享的项目，所有用户都可以查询、查看、点赞等。

基于 ASP.NET 的客户信息反馈系统

一、系统概述

随着互联网的普及，互联网的应用正深入人们生活的方方面面，影响着人们的生活。用户在使用互联网产品时，可能会遇到界面、功能和使用等问题，也可能希望反馈产品的功能需求和建议，此时，用户希望有渠道可以方便提交反馈和意见，同时能够知道反馈的状态和结果。

由于有价值的反馈可以帮助产品经理和开发人员决定产品功能改进的优先级和方向，所以，互联网产品提供商渴望从用户那里获取第一手的使用体验和意见反馈，能够第一时间解决用户反馈的问题，从而将研发的力量和资源投入到用户最需要的功能上去。

ABC 公司是一家快速发展的互联网产品提供商，希望获得有价值的用户反馈，而不希望看到大量的、杂乱无章的反馈。不仅如此，公司还希望知道有多少用户反馈相同的问题。其中，对于类似的反馈尽可能地要自动合并，从而减少人工操作成本。另外，也希望通过反馈和用户进行沟通，帮助用户解决问题。

根据客户信息反馈的特点，可将系统使用者分为客户和公司客服两种类型。客户可以对公司的产品提出反馈，查看反馈状态，查看反馈回复。公司客服可以对反馈进行查看、搜索、回复、人工合并、审核、删除以及状态修改等。具体功能模块如图设 3-1 所示。

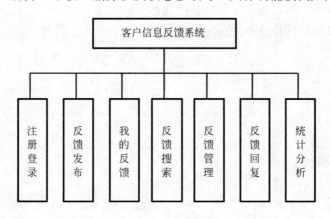

图设 3-1　客户信息反馈系统功能模块

二、各个模块的具体功能和要求

1. 注册登录

注册登录模块实现客户和公司客服的注册登录功能。注册时，客户和公司客服信息包含姓名、昵称、性别、邮箱、手机、地址、密码等。登录时，客户可自由选择邮箱或手机号码登录账号，而公司客服以工号作为登录账号，再输入密码进行登录。另外，对于所有用户，要求实现密码修改和根据邮箱找回密码的功能。

2. 反馈发布

客户登录后，可以对公司提供的互联网产品进行反馈。具体反馈时，能选择产品和反馈类型，其中，反馈类型包括外观、功能、质量、效果、维修等。另外，客户在输入反馈信息时，可根据客户输入内容进行模糊检索，若找到类似的反馈，则客户可以对该反馈进行投票、添加回复等操作，此时不需要新建反馈。

3. 我的反馈

客户登录后，可以查看自己发布的反馈，以及自己参与回复的反馈。具体操作时以不同页面进行呈现，客户能通过单击不同的反馈查看相关的信息，如公司客服的回复等。

4. 反馈搜索

客户能模糊搜索所有由公司客服审核通过的反馈，如果有相似的信息需要反馈，可以直接在该反馈下进行回复，此时不需要新建反馈。

5. 反馈管理

公司客服登录后，可以按产品名、产品分类名查看反馈列表，能模糊搜索所有的反馈信息，还能审核反馈、修改反馈状态、删除反馈、合并反馈（类似的反馈选择后合并为一个反馈）等。其中，对于合并反馈，除公司客服人工合并外，还需要提供系统自动合并功能，即系统能自动将类似的反馈合并为同一个反馈。

6. 反馈回复

公司客服登录后，可以对具体反馈进行回复，一旦回复后，系统能自动变更反馈状态，并且自动向提供该反馈的客户发送邮件。

7. 统计分析

公司客服登录后，可以查看所有反馈的统计分析，并且以统计图表或者统计报表的形式呈现。其中，要进行统计分析的内容可以自定义。

基于 ASP.NET 的旅游网站

一、系统概述

随着人们生活水平的提高，在节假日以及平时休闲时，很多人都会选择通过旅游的方式放松自己。

目前有许多中小型的旅游管理部门仍然依靠人工方式采用电子文档、电子表格等来对旅游信息进行管理，不少旅行社也没有自己的旅游管理系统。随着业务的不断扩展，旅行社业务操作中涉及的客户情况以及旅游线路情况越来越复杂，业务操作人员仅靠人工方式处理大量资料，容易导致信息遗漏，增大信息出错率，还会出现大量资源浪费和闲置等问题。

ABC 旅行社为了扩展业务并提高工作效率，需要开发自己的旅游网站。该网站一方面将方便旅客了解景点以及旅游路线的安排，从而能及时做出假日计划，另一方面，将对旅行社相关的旅游信息资源进行整合和统一管理，从而使旅行社能更加合理、高效地运转。

旅游网站的用户可以分为游客和管理员两类角色，其中，游客可以在网站中查看旅游线路、查看景点介绍、预订线路、评价线路等；管理员可以管理旅游线路、发布景点介绍、确认线路订单、回复评价等。具体功能模块如图设 4-1 所示。

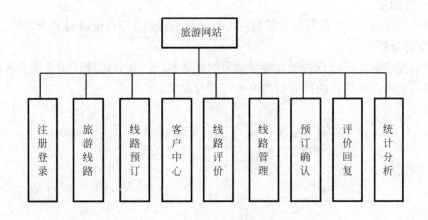

图设 4-1　旅游网站功能模块

二、各个模块的具体功能和要求

1. 注册登录

注册登录模块实现游客注册、游客和管理员登录功能。在注册时，游客信息包括姓名、昵称、性别、邮箱、手机、地址、密码、账户余额等。在登录时，游客可自由选择邮箱或手机号码作为登录账号，再输入密码进行登录。另外，还要求实现密码修改和根据邮箱找回密码功能。管理员作为系统内置账号，无须注册，但是需要有修改密码功能。

2. 旅游线路

通过网站首页展示所有的旅游线路列表，对于每个旅游线路列表，要求包含名称、图片、价格等信息。对于每条旅游线路，还可以进行模糊查询，并且查询的结果以列表形式展示。当单击每个旅游线路列表中的旅游线路图片时，将展示旅游线路详情页面。

3. 线路预订

游客登录后，可以预订满意的旅游线路，并从账户余额中支付费用。对于订单而言，当游客预订完成时，其状态为"创建"；当游客付款成功后，其状态修改为"已付款"。

4. 客户中心

在客户中心页面，游客可以查看个人信息，包含基本信息、账户余额、预订的线路等。游客也可以进行账户充值、修改密码等操作。

5. 线路评价

游客登录后，可以对已经完成的旅游线路进行评价，类似于淘宝的五星评价以及评语。评价后，相应的订单状态修改为"已评价"。

6. 线路管理

管理员登录后，可以添加、修改、删除旅游线路等。对于具体的一条旅游线路，可以添加、修改、删除景点介绍信息等。

7. 预订确认

管理员登录后，可以查看所有游客预订的线路信息，并且能确认订单，即修改订单状态为"已确认"。

8. 评价回复

管理员登录后，可以查看所有游客对所有线路的评价，并且可以对某个评价给予回复。

9. 统计分析

管理员登录后，可以查看所有旅游订单的统计分析，并且以统计图表或者统计报表的形式呈现。其中，要进行统计分析的内容可以自定义。

基于 ASP.NET 的网络挂号系统

一、系统概述

随着人口老龄化时代的到来，以及人民生活水平的不断提高，医院门诊挂号成了医院提高服务质量最难的环节，我国各地医院普遍存在门诊量过大的压力，综合性医院的号源更是一票难求。而大多数病人到医院就诊前对自己挂号的科室和医生的情况基本不了解，只能通过询问回答的方式了解情况，一来一去，也增加了其他病人的等待时间。为了减少病人排队等待时间，提高医院门诊运行效率，国内外医院纷纷推出了各种网络挂号方式。

ABC 医院期望开发一套网络挂号系统，使患者可以通过互联网随时随地进行医院门诊的挂号，预约时段进行就诊，从而合理安排自己的日程，在减少自己排队等待时间的同时减轻医院门诊的就诊压力。系统可以使用多种方法匹配医生、预约挂号，分别通过医院、科室、疾病进行搜索筛选。多种方式挂号可以解决患者在挂号过程中的信息不对称问题，帮助患者准确、快速地找到相关医生进行挂号。

根据网络挂号系统的特点，系统包含患者和管理员两个角色。管理员主要管理相关的基本信息资料，例如科室信息、医生信息、疾病信息等；设置每个医生就诊的时段，以及每个时段能预约的患者数量等。患者可以通过网络挂号系统进行注册登录、挂号预约、就诊服务评价等。具体功能模块如图设 5-1 所示。

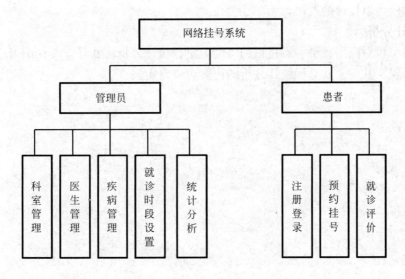

图设 5-1　网络挂号系统功能模块

二、各个模块的具体功能和要求

1. 注册登录

注册登录模块实现患者注册、患者和管理员登录功能。在注册时，患者信息包括姓名、昵称、性别、邮箱、手机、地址、密码等。在登录时，患者可自由选择邮箱或手机号码作为登录账号，再输入密码进行登录。另外，还要求实现密码修改和根据邮箱找回密码功能。管理员作为系统内置账号，无须注册，但是需要有修改密码功能。

2. 预约挂号

患者登录后，选择就诊日期，再通过选择科室挂号，也可以通过选择具体疾病挂号。当选择科室进行挂号时，将出现可供挂号的医生和相应的时间段；当选择疾病名称进行挂号时，将出现可选的相关科室，再选择具体的科室，之后将出现可供挂号的医生和相应的时间段。另外，患者在预计就诊前 3 小时可以取消挂号。

3. 就诊评价

患者在就诊后，可以对医生的诊断过程进行评价，类似于淘宝的五星评价以及评语。

4. 科室管理

管理员登录后，可以添加、修改、删除医院科室信息等。

5. 医生管理

管理员登录后，可以添加、修改、删除医生信息等，其中，每位医生要求只属于某一科室。

6. 疾病管理

管理员登录后，可以添加、修改、删除常见的疾病名称等，其中，每种疾病名称对应一个或者多个科室。

7. 就诊时段设置

管理员登录后，可以设置每个医生一周的出诊时间段，以 3 小时为一个时间段，并设置每个时间段可以接诊的人数。

8. 统计分析

管理员可以对医生评价、科室预约等情况进行统计分析，并且以统计图表或者统计报表的形式呈现。其中，要进行统计分析的内容可以自定义。

基于 ASP.NET 的教师招聘管理系统

一、系统概述

当前社会对教师招聘要求更加公开、公平、透明，同时目前的人事招聘工作也存在报名考试工作量大、人员投入大、信息传递不及时、流程复杂等问题，为了解决这些问题，需要推出一套适用于教育局和学校管理的教师招聘管理系统。

针对教师人事招聘工作中遇到的问题，教育局需要教师招聘管理系统能充分整合各方面的资源，从而达到提高人事部门工作效率、降低工作量的目的，同时让考生能更方便快捷地进行报名、考试、查询结果等。要求该系统能涵盖招聘信息发布、考场编排、考题维护、考试安排、成绩录入、录取规则设置、面试、材料上报、录取查询等所有环节，用户群体涉及教育局、学校、考生等。

根据教师招聘管理系统的特点，系统用户角色分为教育局、学校、考生三种类型。教育局可以发布招聘主题、审核学校招聘计划、录入成绩、设定入围成绩、查询考生信息等；学校可以根据招聘主题设定学校招聘计划、确认考生资料、查询入围成绩、录入面试成绩、查询考生信息等；考生可以注册登录、维护基本信息、查询成绩、填写志愿等。具体功能模块如图设 6-1 所示。

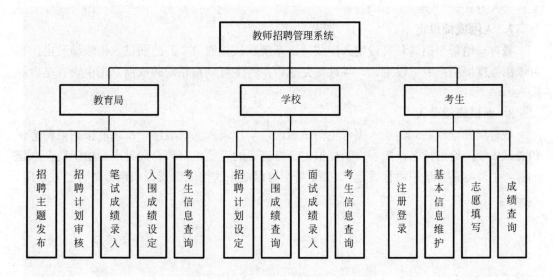

图设 6-1　教师招聘管理系统功能模块

二、各个模块的具体功能和要求

1. 注册登录

用户注册登录模块实现用户注册登录功能，其中用户类型包括教育局用户、学校用户和考生用户。其中，教育局用户和学校用户作为系统内置账号，无须注册，但是需要有修改密码功能。考生用户在注册时，信息包括姓名、昵称、性别、邮箱、手机、地址、密码等。在登录时，考生用户可自由选择邮箱或手机号码作为登录账号，再输入密码进行登录。另外，还要求实现密码修改和根据邮箱找回密码功能。

2. 招聘主题发布

教育局每年发布招聘主题，包含招聘科目以及人数的基本信息以及基本要求等。其中，科目信息包括小学语文、初中科学、高中数学等。

3. 招聘计划设定

学校根据教育局发布的招聘主题，在系统中设定招聘计划，包含招聘科目和人数。需要说明的是，在系统数据库设计时招聘计划需要关联招聘主题。具体实现时，可考虑将每个科目作为一个计划，从而为后续学生填报志愿数据提供关联。

4. 招聘计划审核

教育局审核学校设定的招聘计划，可以直接修改学校的招聘计划，对于审核通过后的招聘计划将在系统中公布。需要说明的是，对于每个招聘科目，各个学校累加的总人数不能超过招聘主题中对应招聘科目中设定的总人数。

5. 志愿填写

考生根据招聘计划，选择应聘的学校和科目，填写志愿。

6. 笔试成绩录入

招聘笔试结束后，教育局统一录入成绩。由于成绩录入工作量较大，要求能提供 Excel 文件导入方式。

7. 入围成绩设定

教育局给每个招聘科目设定入围成绩，系统默认按照 1∶3 的面试入围成绩设定，也可以由教育局用户手工设定。一旦设定完成后，考生可以在系统的成绩查询中查看是否能进入面试。

8. 面试成绩录入

教育局和学校共同组织入围考生面试后，由学校录入面试成绩。系统能根据招聘笔试和面试成绩，给出排名，然后由学校拟定最终需要的老师，报教育局批准后由学校在系统中对考生最终是否录用进行设定。之后，考生可以在系统的成绩查询中查看是否已被录用。

基于 ASP.NET 的人才服务社交平台

一、系统概述

随着信息化进程的深入和互联网的快速发展，网络化已经成为信息化发展的大趋势，信息资源也得到最大程度的共享。当前，某些专业就业问题严重，怎样提高自身技能水平，已经成为关系个人生活的重要问题。如何利用网络社交服务，给学生提供职业生涯发展的机会，给企业提供人才对接的平台，已经成为人才服务领域所关心的问题。

ABC 公司创建人才服务社交平台的目的是为学生和企业打造一个桥梁。通过人才服务社交平台，企业可以发布指派的任务或项目，学生通过完成任务从项目中获取专业知识、提升技能水平；能提供职场点评，从而可以多方位地对企业和学生进行评价；能让学生分享职场经验，从而提高学生面试和就业的能力。

人才服务社交平台主要包含两大模块：

（1）实战项目服务。企业定向指派任务和需要完成的项目，经过整理发布在平台上，作为大学生训练的内容。大学生选择并完成任务后，提交任务成果到平台上，由企业评定打分。

（2）企业点评和职场分享。学生在实习或就业后对企业进行评价，为其他大学生了解企业提供参考。企业可以通过宣传企业文化吸引人才，还可以针对平台上的大学生发布招聘信息。具体功能模块如图设 7-1 所示。

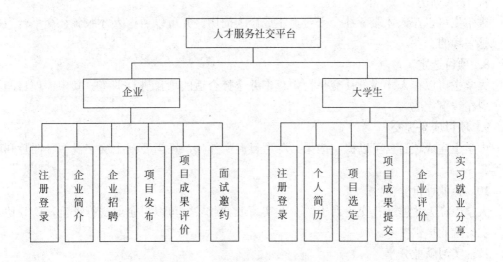

图设 7-1　人才服务社交平台功能模块

二、各个模块的具体功能和要求

1. 注册登录

注册登录模块实现企业和大学生用户的注册登录功能。注册时，企业信息包括统一社会信用代码、企业名、联系人邮箱、联系人手机、地址、密码等，大学生信息包含姓名、昵称、性别、邮箱、手机、地址、密码等。登录时，企业和大学生用户以邮箱作为登录账号，再输入密码进行登录。另外，对于所有用户，要求实现密码修改和根据邮箱找回密码的功能。

2. 企业简介

企业可以发布、修改、删除图文并茂的企业简介等。其中，企业简介要包含企业 Logo 图片。并且，在呈现企业简介时，能在相应企业简介的下面展示大学生对该企业的评价。

3. 企业招聘

企业可以发布招聘信息，包含岗位、待遇、要求等信息。大学生可以在人才服务社交平台上直接投递简历，其中，简历由大学生在人才服务社交平台上通过"个人简历"模块直接在平台上生成，不需要额外上传。

4. 项目发布

企业可以发布实战项目，供大学生练习。其中，发布的项目信息包含名称、分类、要求、企业名称等信息。

5. 项目成果评价

企业可以对大学生提交的项目成果打分，并选择好的成果在人才服务社交平台上进行展示。

6. 面试邀约

企业可以对项目成果评分高的大学生发送面试邀约，也可以直接对应聘的大学生发送面试邀约。

7. 个人简历

大学生可以在人才服务社交平台上生成个人简历，并可以通过人才服务社交平台应聘自己感兴趣的企业。

8. 项目选定

大学生可以在人才服务社交平台中查询并选择合适的项目进行训练。其中，项目的具体实现在线下完成。

9. 项目成果提交

大学生完成项目后可以提交成果，除项目源文件外，还需要配上文字说明、图片和附件等。

10. 企业评价

大学生在人才服务社交平台中的企业实习或就业后，可以对企业进行评价，为其他大学生实习就业提供参考。

11. 实习就业分享

大学生可以发布实习或者就业心得并以评论形式进行发布，其他用户可以回复评论。

基于 ASP.NET 的企业在线学习平台

一、系统概述

随着全球技术知识增长的加速，ABC 公司对于员工个人素质的提高和业务能力提升尤为重视，希望员工更好地利用碎片化的时间，充实自己的知识和技能。

ABC 公司是一家相当注重培训和学习的公司，当前使用邮件和即时通信软件发布培训信息。负责培训的管理人员使用 Excel 制定培训计划，并记录培训的实际参与人数及培训的后续效果反馈工作，但是，这些措施缺乏统一的管理，实际使用起来相当不便。另一方面，公司花费了大量的时间和精力组织了多次培训，形成了丰富的培训资源，但这些资源目前并没有很好的使用。因此，公司希望建设一个企业在线学习平台，通过该平台，能够对线上培训进行统一考虑和规划，并且能让这些经过培训形成的培训资料发挥更大的价值。

鉴于 ABC 公司的实际需求，迫切需要开发一个企业在线学习平台。通过该平台，公司可以很好地跟踪每个员工的学习情况，形成员工培训纪录。而员工个人可以根据自己的时间安排，自由地选择在线学习培训。公司还可以通过对已有课程和培训素材的挖掘整理，使员工可以很方便地查询自己感兴趣的课程并且参加线上培训。

根据企业在线学习平台的特点，系统用户角色分为员工和管理员两种类型。具体功能模块如图设 8-1 所示。

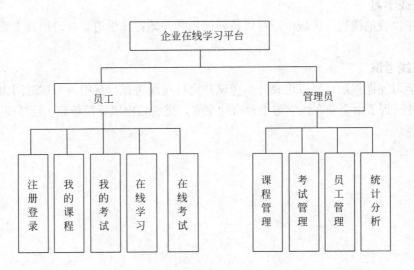

图设 8-1　企业在线学习平台功能模块

二、各个模块的具体功能和要求

1. 注册登录

注册登录模块实现员工注册、员工和管理员登录功能。在注册时，管理员可以直接导入员工信息，员工也可以自行注册，相应的注册信息包括工号、姓名、昵称、性别、邮箱、手机、密码等。为避免重复注册，注册时需要检查输入的工号是否重复。在登录时，员工以工号作为登录账号，再输入密码进行登录。另外，还要求实现密码修改和根据邮箱找回密码功能。管理员作为系统内置账号，无需注册，但是需要有修改密码功能。

2. 课程管理

管理员可以添加、修改、删除课程信息等。在企业在线学习平台首页能展示课程列表，单击课程图片显示课程详细信息。

3. 考试管理

管理员可以为每门课程添加考试题目。其中，考试题目均为选择题，考试满分为 100 分，选择题的分值由管理员进行设置。

4. 员工管理

管理员可以查看员工列表和员工基本信息，也可以通过 Excel 表批量导入员工信息。

5. 统计分析

管理员可以对课程、考试等进行统计分析，并且以统计图表或者统计报表的形式呈现。其中，要进行统计分析的内容可以自定义。

6. 我的课程

员工可以在企业在线学习平台上查看课程，并报名参加课程学习。在"我的课程"区域中能列出员工报名参加的所有课程。

7. 我的考试

员工在平台上参加考试后，所有考试结果信息在"我的考试"区域中列出。

8. 在线学习

员工在"我的课程"区域中，可以选择课程并开始在线学习。学习形式主要是观看课程视频资料。

9. 在线考试

员工学习完课程后，可以选择开始考试并进行在线考试。其中，考试时间由管理员预先设置，时间到了由企业在线学习平台自动交卷，交卷后出现反馈信息，包括得分、错题、参考答案等。

基于 ASP.NET 的学科竞赛网站

一、系统概述

大学生学科竞赛是学校教学科研活动的重要组成部分，是培养大学生综合素质和创新精神的有效手段和重要载体。学科竞赛活动不仅能激发大学生自主学习的热情，发现、发挥、发展大学生的优势潜能和个性特点，还能督促大学生提高专业素质，培养信息获取能力、分析与解决问题能力、组织与管理能力、沟通与表达能力，引导大学生树立正确的成长观、就业观和社会观。尤其是参与高水平的学科竞赛，既有利于培养大学生综合运用基础知识的能力和坚强的毅力，又有利于培养大学生的创新意识和团队协作精神，提高大学生的实践能力和创新能力，还有利于推动学校实践育人工作的深入开展。抓好大学生学科竞赛，对于培养具有创新创业精神、实践动手能力强的高素质应用型人才，全面提高学校人才培养质量有着十分重要的意义。

ABC 高校为保证学科竞赛顺利开展，决定开发设计校级学科竞赛网站。根据学科竞赛网站的特点，可分为学生和管理员两类角色。学生在网站中可进行注册登录、参赛报名、作品提交、获奖情况查看等。管理员在网站中可进行新闻发布、竞赛发布、奖项设置、奖状生成、统计分析等。具体功能模块如图设 9-1 所示。

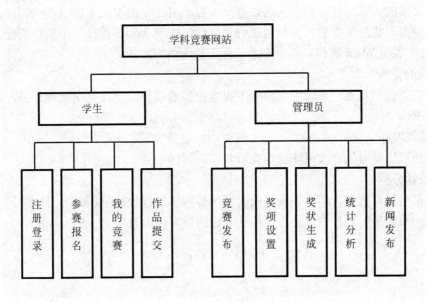

图设 9-1　学科竞赛网站功能模块

二、各个模块的具体功能和要求

1. 注册登录

注册登录模块实现用户注册登录功能，其中用户类型分为学生和管理员两种类型。在注册时，学生信息包括学号、姓名、昵称、性别、邮箱、手机、密码等。在登录时，学生以学号作为登录账号，再输入密码进行登录。另外，还要求实现密码修改和根据邮箱找回密码功能。管理员作为系统内置账号，无须注册，但是需要有修改密码功能。

2. 竞赛发布

管理员可以发布竞赛，相关信息包含竞赛名称、竞赛年度、竞赛内容、竞赛日期、作品规范等。管理员可以修改、删除竞赛内容等。

3. 参赛报名

学生在学科竞赛网站中可以查看已经发布的竞赛列表，单击竞赛列表中的竞赛名时将跳转到竞赛详情页面，在该页面顶部和底部需要有"报名参赛"链接，学生单击该链接将跳转到报名参赛页面。

4. 作品提交

学生完成竞赛作品后，可以在线提交参赛作品。需要说明的是，由于部分竞赛不能提交电子稿，所以并不是每个竞赛都需要提交作品。

5. 奖项设置

在竞赛结束后，管理员可以进行奖项设置。具体操作时，管理员选择某个竞赛，查看学生列表，再给相应的学生设置奖项。需要说明的是，学生提交的竞赛成果都是线下评比完成，在学科竞赛网站上仅设置获奖情况。

6. 奖状生成

管理员进行奖项设置后，系统提供奖状生成的功能，可以是 Word 版本或者 Excel 版本。对于生成的奖状文件，管理员可以直接用打印机在空白奖状上完成奖状打印，从而减少管理员制作奖状的工作量。具体实现时，奖状可先用 Word 设计一个空白版面，然后通过 ASP.NET 调用 Word 组件，再在空白版面上输出内容即可。

7. 我的竞赛

学生在"我的竞赛"页面中可以查看报名参加的竞赛，可以提交竞赛作品，还可以查看获奖情况。

8. 新闻发布

管理员可以发布、修改或删除与竞赛相关的新闻。

9. 统计分析

管理员可以对竞赛、学生参赛、获奖情况等内容进行统计分析，并且以统计图表或者统计报表的形式呈现。其中，要进行统计分析的内容可以自定义。

基于 ASP.NET 的人事管理系统

一、系统概述

随着信息时代的发展，在复杂多变的竞争环境中，企业人力资源越来越受到企业的重视。如何能够使用信息化技术及时有效地管理人事信息，已成为企业主管和人力资源部门越来越关注的一个问题。人力资源管理由若干相互联系的模块组成，其主要任务包括人力资源的规划和分析、员工应聘和解聘的管理、人力资源的开发、薪资福利的分配和员工的劳资管理等。

根据上述对人事管理系统的功能需求分析，其功能模块如图设 10-1 所示，主要包括员工管理、部门管理、休假管理、事件日志管理、人事考勤、加班管理、工资管理和报表打印功能。

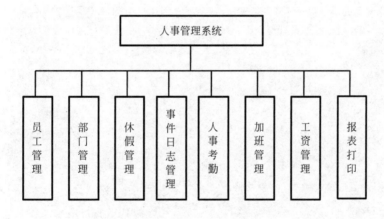

图设 10-1　人事管理系统功能模块

二、各个模块的具体功能和要求

1. 员工管理

员工管理模块实现对员工信息的管理功能，主要包括员工信息的录入、删除、修改和查询等，还能实现员工照片的添加功能。

2. 部门管理

部门管理模块实现对部门信息的管理和查看功能，主要包括部门信息的录入、删除和修改，以树状视图查看部门信息等功能。

3. 休假管理

休假管理模块实现员工休假的管理，主要包括休假设置、员工休假信息管理、休假信息的查询及休假信息的统计汇总等功能。

4. 事件日志管理

事件日志管理模块实现用户登录、用户操作等事件日志信息的查询和删除功能。可按用户名、时间和事件名等不同条件查询事件日志信息。可删除不需要保存的事件日志信息。

5. 人事考勤

人事考勤模块实现员工的考勤管理，主要包括考勤参数设置、查询考勤记录、统计考勤信息和当日考勤等功能。

6. 加班管理

加班管理模块主要实现加班信息的录入、加班信息汇总和特定员工加班信息查询等功能。

7. 工资管理

工资管理模块主要实现员工的发薪记录录入、查询特定员工薪酬和发薪历史记录汇总等功能。

8. 报表打印

报表打印模块主要实现根据企业需求自动生成不同报表并实现在线打印等功能。